飯店客務部疑難案例解析

（第2版）

吳軍衛 主編

U0078520

松燁文化

目 錄

第一篇　賓客到達前

　　賓客到達前，由於客務部的失誤導致投訴的原因主要有：未準確記錄或傳遞訂房訊息和其他相關訊息，或未及時準確地就變化情況進行核對確認，造成排房失誤或賓客抵達飯店時對飯店提供的房價有異議；飯店沒有客戶歷史檔案或客戶歷史檔案不準確、不完整或沒有及時傳至相關部門，使賓客感到未受尊重，未得到回頭客或常客應有的待遇；房價或房號資料未能進行保密或過早告訴賓客飯店與旅行社或其他代理商之間的房價；飯店在旺季，突然漲價；飯店未把留房期限、違約訂金的處理等規定及時以書面形式準確地告訴賓客；飯店其他部門特別是各級管理人員接受親友訂房，手續不完整或重複通知客務部，造成損失及混亂等等。

案例1 會議室場地租借費漲價了

　　旅遊飯店服務科系畢業生小周，受聘於一家即將開業的三星級新建飯店，經短期培訓後，被安排到客務銷售部任訂房員。她每月必須完成一定的客房銷售間數，才能得到相應的工資和獎金。

　　該飯店計劃於12月8日開業。10月初，一位客人要求預訂　10間客房住　1天，時間是 12月 24日入住，25日離開飯店，外加會議室一間租用 1天。小周按飯店規定做了報價，房價是4000元/間天（含稅費）、可容20人的會議室租金是4000元/間半天，客人完全接受報價後，小周為其辦理了確認訂房手續。

　　11月5日，飯店決定開業後，會議室由現任娛樂部經理負責經營，娛樂部經理決定把該類會議室租金漲至8000元/間半天。小周按客務部經理房價可打9折的授權，決定房價按9折4000×0.9×10=36000元計，會議室租金雖漲至8000元/間

半天，但客房打折後，總額不變，因此就未與客人聯繫，也未報告客務部經理。

12月8日，飯店試營業後，客房平均出租率高達80%以上，特別是到了12月中旬以後，出租率達到90%，房價雖未上漲，但飯店通常不再打折，而娛樂部經理又決定20人用的會議室租金漲至12000元/間半天，因為小周無法向客人交代，只好找到客務部經理，請示給該團體房價打8折，用於補貼會議室租金再次上漲後造成的4000元差價。而客務部經理的回答是現在生意很好，這麼個小團，又不一定回頭，他們接受會議室漲價最好，不接受就算了，房價打9折已經夠多了。請問，在這種情況下，小周應該如何處理飯店與預訂客人的關係？

評析

1.按客務部經理的指示，把飯店漲價的原因和事實告訴客人，客人或者接受漲價，或者接受小周的道歉，另找飯店。服務員服從上級，通常不會錯，也無須承擔責任。小周在此時如果這樣做了，也完成了自己的職責，只是飯店剛開業，更應注意公眾形象，這樣的做法無疑會影響飯店的信譽，影響未來的客源，是一種短見的行為，會大大降低小周的工作熱情和積極性。當然，客務部經理這樣做，也有他的理由，在此不一一分析。

2.與客人商量，勸客人接受漲價事實，並解釋漲價的合理性。如果陳述比較巧妙，例如：飯店聖誕節期間價格要上調20%，周圍飯店也是這樣做的，有較少的可能性客人會接受這一現實。此案例事實非常清楚，客人完全可以拒絕飯店的漲價做法。向客人解釋現在會議室的設備、裝修要好於客人訂房之時（當時會議室未裝修好），故租金上調。

3.小周自己墊付4000元或辭職離開飯店。這是不合現實的做法，工作要由自己墊錢，這個做法不值得提倡，如果小周這樣做了，這份對工作的熱情值得肯定。辭職離開飯店，更是天真的做法，初上工作職位，可能有許多矛盾，面對矛盾解決矛盾才是正途，逃避不是出路。

4.在飯店附近找4000～8000元/間天的20人會議室。如果附近有適當的會議室，此法也算可行，但這個方法終究不能讓客人十分滿意，仍會影響飯店的形象，而且把客人推向其他飯店也不應該是三星級飯店的適當做法。

5.再次向客務部經理說明情況，請求房價打8折或由他去與娛樂部經理協商使會議室價格少上漲或不上漲。這種做法通常不可行，但如果這位客務部經理是一位接受下屬正確意見的人，不妨一試。

6.直接找總經理或娛樂部經理請求多打折或會議室少漲價解決這一問題。普通員工跨部門或越級溝通，不應提倡，這個做法不可取。

7.勸客人這次接受飯店的價格，並向客人提供自己職權範圍內的其他優惠措施。如房間升級、提供免費早餐、飯店歌舞廳免費門票等等，保證將來儘量提供優惠。這個方法不妨一試，客人願意當然最好，但因為客人有充分的理由拒絕，故可行性不大。

8.暗示客人找總經理交涉。此案中客人有理，找總經理定能成功。只是小周作為下屬，不到萬不得已，不應該走這一步，如果走了，應該很巧妙地暗示客人，自己不宜介入此事。

9.內部設法解決。這是一個較可行的方法，如飯店的餐廳包廂非用餐時間空著，剛好可以用來開會，租金會比會議室低。

思考與啟發

訂房時應儘量收取訂金或用其他方式擔保，以使飯店處於主動。飯店對負責經營部門、班組的價格定位，應有一定的控制措施，使之符合國家有關政策規定及飯店總體經營的需要。部門經理作決定時，也應儘量考慮飯店的整體利益、長遠利益，儘量保護員工尤其是新員工的工作積極性和主動性，使飯店未來能擁有一批熱情敬業、創造性強的員工，而不是謹小慎微、生怕出錯的員工。

在給客人的預訂確認單上，通常應註明飯店是否擁有根據情況對原有價格進行調整的權利。下屬在工作中出現預料之外的情況且變化超出自己職權範圍時，應及時向上級長官請示彙報。飯店應能基本準確地預測客源情況，事先規定房費不同期間（如聖誕節前後）的價格標準，並事先以書面形式通知客人，而不應臨時改變。無論如何，為了飯店的長遠利益，信用原則是必須堅持的。

對於預訂客房的會議、展覽等大型活動，飯店客務部應與其組織者簽訂書面

協議，詳細列明場地租借、預付訂金及更改、取消等條款，使之對協議雙方都具有約束性，以便順利執行協議，進行操作。

案例 2 A、B 團的混淆

　　某年 10 月 18 日晚 8：00，某一家四星級飯店大廳內，3 個旅遊團同時抵達飯店，散客在櫃台排隊登記。前台接待員小馬和小吳有條不紊、忙而不亂地分別接待散客和團隊。小吳是一名老員工，對團隊接待特別有經驗，她與導遊核對團號、人數、國籍、地陪社名、旅遊團團名、用房數、抵離開飯店時間。導遊拿走房卡後，逐一分給 20 位客人，小吳馬上將客人入住訊息通知房務中心和電話總機，以便開夜床和開電話，通知行李房按導遊的分房名單送行李，隨後迅速輸入電腦。客人入住安排就緒後，小吳再次核對團隊接待計劃，發現計劃書上的團體編號與導遊給自己訂房單上的團體編號不一致，計劃書上是 HNWJ-0915ZA，而訂房單上卻是 HNWZJ-0915B。小吳頓時覺得有疑問，怎麼會這麼巧合，導遊訂房單上的內容除團體編號有 A、B 之區別外，其餘均一樣，包括國籍、人數、地陪社名、旅遊團團名、用房數等。此時小吳憑經驗感覺不對勁。她懷疑預訂部可能會把 A 錯寫成 B，但與預訂部核對後，發現旅行社傳真上確實寫的是 HNWZJ-0915B。小吳馬上打電話到導遊房，與導遊再次核對團體編號全稱。導遊被這突如其來的問題驚呆了，立刻緊張起來，急忙放下電話，仔細核對訂房單。接著匆匆跑下樓來，告訴小吳剛入住的的確是 B 團，並承認是自己搞錯了。本來這個 B 團訂的是市中心的另一家四星級飯店。來之前，旅行社計調部把接 B 團的計劃書先給了他，而把接 A 團的計劃書後給了另一導遊。他當時粗心，未仔細核查團隊編號，認為自己拿的肯定是 A 團，就來到本飯店，偏巧除團隊編號外其他內容兩團都一樣，所以搞錯了。此時小吳對自己接團時也未曾仔細核對團隊編號而深感懊悔。她清楚地意識到，麻煩事兒馬上就要降臨了。A 團將很快到達本飯店，而 B 團先租用了 10 間客房後，該飯店已無法再安排 A 團同時入住了。客人玩了一天後很累，且對本飯店也相當滿意，如果讓 B 團改住其他飯店，已是不可能的了。況且即使 B 團改住其他飯店，本店重新整理房間也來不及了。小吳想像 A 團一

到，在大廳對飯店因工作失誤而無房安排預訂客人入住時的憤怒情形，頓時感到不知所措。

小吳知道，解決問題的唯一希望，是讓已入住的B團導遊與A團導遊聯絡，爭取讓A團導遊在半路上改變方向，去入住另一家四星級飯店。為了謹慎起見，她及時向大廳副理報告了上述情況。大廳副理將如何處理呢？

評析

1.告訴已住宿飯店B團的導遊，因其錯把B團先行拉到本飯店入住，導致飯店因客房住滿而無法解決A團的入住事宜，應由旅行社自行協調解決。因導遊工作粗心，錯將同一旅行社僅編號有細小區別的兩個旅遊團隊張冠李戴，導致一個團隊無法入住旅行社負有不可推卸的責任。飯店客務接待員小吳如果推卸責任，旅行社和導遊應無可厚非，只是這樣處理，將不利於飯店和旅行社今後的合作。而且一旦A團到飯店後，勢必會因無房可住而在大廳吵鬧，即使最後改住他店，也會給A團客人和其他店內客人留下不良印象，最終都將使旅行社和飯店的聲譽遭受很大的損失。

2.讓已入住的B團客人立即收拾行李，改住其他飯店。此法顧此失彼，很有可能導致B團和A團在大廳相遇，兩團客人一起吵鬧，後果之嚴重將不堪設想。

3.立即查看房態，通知值班經理，由其決定是否將飯店剩餘的維修房、殘疾人用房、豪華套房、總統隨從房、值班房及已超過預訂保留時間的客房集中起來，看看是否能達到或接近10間。這樣做在萬不得已的情況下，如果A團一定要入住本飯店，而B團又不願改住其他飯店時，對飯店而言是一個可讓A團先將就一晚的權宜之計。

即使這樣解決，仍然可能會招致客人的不滿，因為湊起來的房間分布於多個樓層，且標準不一致、房內設施不一致，臨時投入使用的維修房很難保證質量，第二天即使能有合適的房間調換給客人，也會在多方面給客人帶來諸多不便。

4.由導遊出面與旅行社聯繫轉移A團到另一家飯店，客務接待員小吳立即報告大廳副理，由其與銷售部主管、銷售員協商，請旅行社通知A團導遊，在來飯

店途中轉向去原計劃B團入住的飯店，在客人未到飯店之前悄然轉移，這樣不僅能避免兩方面的不滿（因A團入住的是市中心同等級飯店），還可大大減少本飯店員工的工作量。

此法可以最妥善地解決「張冠李戴」。前提是必須行動迅速、有效，當機立斷。這樣處理，既表明了飯店接待員主動承擔責任，積極採取措施、解決問題的誠意，又暗示了旅行社應負主要責任，而A、B團的客人則不知內情，從而達到A、B團互換同等級飯店，而旅行社與飯店繼續保持良好關係的效果。

思考與啟發

接待員在接團時要逐項核對計劃書的內容與旅行社訂房單是否完全相符，防止只報社名、人數、國籍而不詳細註明其他訂房要點的現象出現。

預訂部在與旅行社核對團隊資料時，應詳細地問明每一團體的情況，如果團體號上註明另有A、B甚至C、D團，應做出特別提醒如用螢光筆畫出。

行李房在接收行李時應仔細核對團體號並提醒櫃台。

如果團隊有事先發來的名單，則接待員在入住時應核對入住登記客人姓名與團體客人分房名單上的姓名是否相符，以便提前發現問題，防患於未然。

案例3 GRO的行為

某天傍晚，天正下著滂沱大雨，H城一家五星級飯店大廳內，一位戴眼鏡的先生正在大廳內來回踱步。他時而看看飯店的指示牌，在櫃台前看看房價表，時而從飯店大廳的幾個走廊走進走出，似乎在等人，又似乎在尋找什麼……

客人的情形引起了當晚值班的　GRO（客務專員）凱莉的注意。此時，她正在大廳內巡視，一雙聰慧的眼睛敏銳地掃過每一位客人。平時，碰到這樣的客人，凱莉總會主動上前徵詢客人是否需要幫助，客人往往都能從凱莉處得到他們所需的訊息。凱莉熱情主動的服務態度常常受到客人的好評。這時，她又像往常一樣上前詢問客人：

「晚上好，先生，請問您需要什麼幫助嗎？」

「我……」客人欲言又止。

「您要住宿嗎？我可以為您介紹房價……」凱莉又說。

「哦！不要、不要。」客人有點慌亂。

「您是不是在等人或找人？」

「不是，不是。」

「那麼，您是不是要去哪裡？」凱莉見客人盯著指示牌，便進一步提供服務。

「我不要去哪裡，」客人顯然很不耐煩了，終於對凱莉說：「我說小姐，你可不可以不要問了，我只是在躲雨。我的公司就在附近，我們常常在這兒消費的。今天下班，剛好趕上下雷陣雨，就進來躲一會兒。你非得刨根究底地問我幹什麼？我現在就走！」客人說完，怒氣衝衝地走了。

凱莉感到非常委屈，可又不知道自己做錯了什麼，不禁想到有些老員工對她說的話「多做多錯，少做少錯」，難道真的是這樣嗎？

評析

在這種情況下，到底怎樣做才合適呢？

1.像凱莉那樣多次詢問客人逗留在大廳裡的原因。這種做法的結果，在本案例中大家已經看到了，熱情過頭，而且沒有把握好服務的時機和方式，客人非但不感激，反而很生氣，弄巧成拙。因此不可取。

2.對客人不理不睬。這種做法顯然達不到星級飯店的服務標準，有失服務的主動性。也許客人正需要幫助，而飯店員工熟視無睹，會使客人產生被冷落的感覺，甚至因此而得出飯店服務不到位的結論。所以此法更不足取。

3.以無聲的語言，如眼神、微笑及適當的肢體語言，如走到客人附近，點頭致意等，向客人表示你已經注意到他了，並且準備隨時為他提供服務。這是一種較好的做法，運用了目前飯店服務中被普遍認可的一種人性化服務，既可讓客人

感受到他已被關注，又可使客人保留主動性的心理優勢，不至於像「做法1」那樣讓客人感到惶恐、尷尬，或因自尊受到傷害而生氣，甚至因有此次經歷而不願再次光顧這家飯店。

4.根據當時外面正在下著滂沱大雨的情況，以及客人漫無目的、漫不經意的舉止，應該可以分析判斷出客人有可能是在此躲雨，可以請客人在休息區坐下，同時送上一些報紙、雜誌或飯店的宣傳冊供客人消磨時光，也可以用聊天式的方式向客人介紹一些飯店的設施並視情況適當做一些不會給客人造成心理壓力的飯店產品推銷。確認客人是在躲雨後，也可以適時詢問客人是否需要借用飯店的雨具，主動提供服務。

這是一種很好的做法，可以稱得上是「智慧型」的服務，所達到的效果不僅能使客人滿意，而且超過了客人的期望值，無形中會為飯店帶來現實的或者潛在的經濟效益。這正是我們所應大力提倡的服務方式。這樣的服務技巧並非朝夕之功所能學成，而是要基於多年實踐經驗的積累和總結，平時注意觀察客人的行為、研究客人的心理才能達到。

思考與啟發

GRO（客務專員）是一些高星級飯店為增進與顧客的雙向溝通，加強和改善飯店顧客關係而新設立的一個職位，旨在透過GRO隨時服務於賓客，主動徵詢客人的意見，進一步了解顧客需求，獲得更多的顧客反饋訊息，從而改善飯店產品，使之更符合市場需求。飯店一定要重視GRO的人選，總的來説，GRO必須是有較好修養、言行舉止大方得體、形象氣質較好、語言能力出眾、善於揣摩客人心理、有一定飯店工作經驗及應變能力的人才可以勝任的。

在提倡飯店服務規範化、主動性的同時，更應提倡服務中的個性化和靈活性，不要照搬照抄，要根據環境、人物、場所的不同變化而應變自如。

隨著顧客對服務要求的提高，飯店服務更要注重賓客心理的研究，倡導人性化服務，讓客人真正有「賓至如歸」，溫馨舒適、輕鬆自如的感覺。服務要掌握一個度，熱情過頭只會使客人「受寵若驚」而不知所措，結果往往弄巧成拙、適得其反，不僅留不住客人，反而嚇跑了客人。

服務中使用一些肢體語言有時可達到有聲語言所不能達到的效果。

案例4 一個「窮」留學生帶來的財富

　　一個細雨飄飄的傍晚，某五星級飯店大廳經理林恩正在大廳值班。她透過玻璃門，看到一個外國青年背著一個很大的背包正朝飯店大門走來。該青年從旋轉門進入大廳後立刻停住了腳步，顯然是被飯店大廳的豪華氣派震懾了。他看看自己骯髒的運動鞋，有點猶豫，但還是走到了櫃台，用英語問道：「請問，這兒有住宿嗎？哦，我知道你們當然有，但我指的是　Dormitory（較廉價的宿舍）。」「Dormitory？」櫃台接待員反問。年輕人抬頭看看大廳四周，理解地説：「我想你們這兒一定沒有我要的那種房間了。」大廳經理林恩此時也來到了櫃台，她友好地對這位外賓説：「您是否需要房價低一點的房間？」「正是。」這位外賓為有人了解了他的需求而感到高興。巧的是，這家五星級飯店旁邊正好有一家姐妹店，一家三星級涉外飯店，兩家飯店同屬一個集團，彼此往往根據不同的客人等級相互促銷。這時，林恩就向外賓推薦了旁邊這家三星級飯店：「我們還有另一家飯店，單人房房價最低在　300元左右，您覺得怎麼樣？」這個外國青年的臉上露出了一絲為難，「我是一個窮留學生，我要住一段時間，這個房價恐怕還是偏高，我看算了吧。」年輕的老外説著就往店外走去。

　　林恩看天色已晚，客人又不會中文，要找一個廉價的住處，可能有點困難。她想了想，追了上去，「請等一等，我知道我們飯店對面小巷子裡有一家不錯的招待所，房價在90元左右，如果您願意的話，我可以派一名行李員陪您過去」。外國青年的臉上露出了笑容「啊，那真是太好了，太感謝你了。以後我一定會給你一個驚喜」。林恩説：「這是我應該做的。」

　　幾天後的一個傍晚，依然是林恩坐在大廳經理的椅子上，從門外走進來一老一少兩位外賓，林恩驚奇地發現那個年輕的外賓正是那天的那個「窮」留學生，所不同的是今天他西裝革履，與那天的邋遢樣全然不同。此時他們已經走到了林恩面前，年輕的外賓説：「謝謝你，林小姐，那天要不是你，我可能要露宿街頭了。這是我的父親，他在中國有一家化工分公司，生意不錯。不過我還是想靠自

己打工留學。我父親的公司每年有一筆不小的交際費。我向他介紹了你們飯店的豪華和你的親切服務，他一定要我陪他過來看看，並且會把公司所有的客人安排到這兒。正好今天是我的生日，我們能邀請你一起吃飯嗎？」林恩喜出望外，為自己能給飯店拉到這樣一筆大生意而感到興奮，「這就是你要給我的驚喜嗎？喔，簡直超過了我的想像。謝謝你們如此的關照，同時，祝你生日快樂！但我正在上班，不能陪兩位了。謝謝，祝你們用餐愉快」。

目送兩位外賓從豪華的大廳樓梯去了西餐廳後，林恩坐在自己的位置上思緒萬千……

評析

面對「窮」老外，大廳經理林恩的處理方式可有如下選擇：

1.禮貌地請客人離開消費場所。實際工作中，很多飯店都採取這種態度，有的客人會離開，有的客人則可能會說「你們應設一塊顧客須知，說明此處不消費，請勿逗留」。也許會有客人要求飯店列牌公告此處的最低消費金額。總之，結果都是不會讓客人滿意的。因此，這種態度不可取。飯店設最低消費金額的做法是否合法尚有疑問，各飯店對此問題應該慎重。

2.對這樣的客人不予理睬。這樣做會讓客人明顯地感到飯店服務不夠好，有損飯店的形象。

3.非常積極地勸說客人消費。目前有些飯店，尤其是一些實行承包制的飯店、部門或班組，為了獲得短期的經濟效益，強行勸說客人消費，甚至不惜使用一些欺騙手段和虛假廣告，讓受騙消費的客人大呼上當，從此不會再次光臨。因此，這種過分積極的態度對飯店有百害而無一利，也是不可取的。

4.簡單問候致意，回答客人提出的一些問題，順其自然。作為星級飯店，向每一位碰到的客人問候致意，已是最基本的常識。但僅此而已卻常常會使飯店失去一些提供超乎預期服務的機會，同時可能會失去一些潛在的客戶，因此，也稱不上優質服務。這種態度仍不夠好。

5.向客人熱情問候，並進一步關注客人，在適當的時候提供適當的幫助。發

自內心地向客人熱情問候而不是制式化地問候，首先就會贏得客人的好感和信任，從而使客人毫無顧慮地去諮詢飯店服務，這樣就有助於飯店獲取訊息，在標準服務的基礎上再延伸服務，一定能贏得客人的滿意，進而使飯店獲得良好的經濟效益。所以這種態度較好。

6.有意識地激發客人的消費動機，培育消費需求。飯店可以採取諸如贈送、免費嘗試等促銷手段，帶動客人的潛在消費或以產品品質吸引客人消費。例如，對在大廳休息的客人，飯店主動送上一杯冰水，客人會非常感謝，也許會再點別的東西；在餅房，做一些供客人品嚐的迷你小點，客人嚐了以後也許覺得味道不錯，會買走一大盒。

這種態度源於促銷的目的，但它不同於強行推銷，不僅會給飯店帶來效益，而且也會使客人相當滿意。因此，這是一種真正的積極的態度，在飯店業競爭激烈的今天，這種態度值得倡導。

思考與啟發

首先，作為任何一家飯店，來者是客，都要以禮相待。客人來到飯店，不一定是來消費的；同樣飯店運營也不僅僅是為了盈利，同時還要樹立良好的企業形象，獲得公眾較好的口碑。因此，要看到客人帶來的經濟效益有形利潤，也要珍惜客人帶來的社會效益無形價值，如有的客人只是來參觀考察飯店，雖然沒有消費，但是可能飯店的名字會出現在他的某一本論著中。這種效應遠遠大於一次消費所帶來的效益。

大多數來飯店的客人還是有現在或將來進行消費的動機及需求的，客務部員工應以適當的方式了解客人的消費動機並引導他們產生消費需求。

另外，從本案例中，我們進一步加深了對飯店大廳及客務部服務重要性的認識：

1.大廳是飯店的一個窗口，客人透過這個窗口了解飯店的產品、服務。傳統觀念所致，許多老百姓對飯店望而生畏，對飯店的產品了解不多，更不用說到飯店消費了。但隨著內需的增長，內賓市場已在各大飯店的客源市場中占據了相當

的份額，因此在新時期，飯店應加強宣傳，歡迎老百姓走進來看一看，「先有人氣，再有財氣」，對步入飯店大廳的每一位客人都要以禮相待，提供力所能及的幫助。千萬不可盛氣凌人，把客人拒之門外。

2.大廳是飯店的一個訊息中心。客務部員工應隨時展示飯店的產品訊息，捕捉任何機會進行宣傳促銷（客人身臨其境的促銷效果將遠遠超出飯店銷售人員的上門促銷，同時也大大節約了銷售成本），同時也應注意蒐集訊息，如賓客投訴和不經意的抱怨等。

3.在提倡全員促銷的今天，客務部的地位再一次發生了戰略性的轉變。從某種意義上說，營銷部是一個戰略決策部門，而客務部正是飯店決策的最重要的執行部門。客務部及各部門的服務已是整合營銷中必不可少的一部分。飯店應注重對客務部員工進行營銷理論及銷售技巧方面的培訓。

案例5 婚宴和政府會議的衝突

一位姓張的先生在某飯店訂了20桌婚宴，時間安排在1999年5月18日下午5：00至晚8：00左右，地點在該飯店的多功能廳。但就在5月18日的前兩天，該飯店接到市政府的一項緊急政治任務，全省將有一個300人的重要會議安排在該飯店舉辦，時間也是1999年5月18日，地點在該飯店的多功能廳，且時間為下午2：00到4：30結束，會議時間與婚宴時間本來並不衝突，但就在會議舉行前一天，會務組突然告訴飯店會議時間可能會延長1小時。此時應如何處理？

評析

1.將實際情況告訴訂婚宴的客人，飯店接到的是政治任務，沒有辦法推卸，並向客人道歉，請其將婚宴改期或安排到其他飯店，客人若提出索賠要求，則可以考慮賠償，費用向會務組收取。

這樣的處理是不合理的。一則飯店既然接受了客人的預訂，且婚宴一般都收取訂金，就等於飯店與客人訂立了合約，任何非不可抗力引起的變更都等於違反合約，應負法律責任。在訂婚宴客人看來，同樣是接待任務，而且他是最先預訂

的，沒有任何理由說其婚宴不重要，況且要其在兩天之內另找一家可擺20桌婚宴的同等級飯店也絕非易事，更麻煩的是客人還必須逐一通知賓客及親友。對飯店而言，適當支付經濟賠償還在其次，由此而在社會上造成的不良影響就更難以挽回了。

2.若有可能，將婚宴臨時安排到其他餐廳舉辦。在一般飯店要同時具備兩個20桌以上的大型餐廳是不多見的；而若將婚宴分到兩個場地舉行，一般又不在同一樓層，勢必影響整個婚宴的氣氛，客人不是在「走投無路」的情況下是不可能同意的，況且從飯店內部操作來看也會帶來諸多不便，所以此方法亦非萬全之策。

3.說服客人延遲一小時舉行婚宴。一般來說，婚宴請帖上都註明時間。中國人習慣晚到15分鐘左右，要延遲一小時，肯定會造成賓客在大廳或餐廳外等待，使新婚夫婦尷尬，而飯店也無法安排這麼多人集中休息，政府會議後餐廳的重新布置又需一定的時間。因此，此法也不能從根本上解決問題。

4.請政府會議儘量提前舉行，並提前半小時結束，確保下午5：00能退出會議場地，同時在開會前提前將大部分婚宴用品入場置於會場一角，以備會議結束能立即進行布置，安排足夠人力準備緊急調派。向客人說明實情，請求婚宴延遲25～35分鐘舉行。

這是解決問題較好的方式之一，這兩個接待任務，對飯店來說都很重要，且都不能推卸。一方是政府機關，一方是消費金額較高的大型婚宴。所以，請雙方都做出適當的讓步，積極支持和配合飯店做好接待工作是最理想的辦法，也是可行的。因為政府會議的時間彈性比較大，有伸縮的餘地，而5月份的天暗下來較遲，參加婚宴的人往往會比預訂時間要來的遲。一般等全部賓客到後與原訂時間差半小時也屬正常，關鍵是要把原因向雙方說清楚，特別是對婚宴，飯店要做好打突擊戰的足夠準備工作，確保能在下午5：30之前一切安排就緒。如處理得當，魚與熊掌在某些時候是可以兼得的。

思考與啟發

飯店的原則是賓客至上，但在有些特殊場合，如涉及國家、政府等有一定政

治影響的一些緊急情況下，飯店應果斷説服並犧牲另一些賓客的部分利益來保證更重要的利益，這應該是很明確的，相信也是可以被其他賓客接受和理解的。

不能保證質量的任務儘量不要接受，不要為了眼前利益而倉促上陣。因為這樣有可能導致嚴重的後果。質量第一、信譽至上是實實在在的道理。

案例6 客人留下了

天地飯店坐落在杭州筧橋機場出口處不遠，是一家三星級飯店。飯店內常會遇到因飛機延誤而沒有被接機人接走的客人。這天，天下著滂沱大雨，從北京飛來杭州的YE1107班機比預計時間晚到了整整一小時。有6位客人預訂了市中心的某四星級飯店的客房，但是在機場出口附近並未見到該飯店的接駁車。因為下雨，6位客人就來到了天地飯店大廳等候……對這6位客人在大廳的出現，大廳副理應做出何種反應？

評析

1.立即上前問候，介紹本飯店，並表達留下這6位客人的願望。這個做法太急功近利，會引起客人的反感，甚至喪失飯店可能會出現的商機。

2.上前詢問，安慰客人，得知具體情況後，幫助客人聯繫訂過房的飯店，聯繫好後把情況告訴客人，請客人安心等待。這種幫客人解決實際問題的做法，能給客人留下良好的印象，為使潛在客人變為飯店的正式客人創造了條件。

3.如果再等一會兒接駁車還不來，大廳副理應再次上前請客人安心等待，並適時、恰當地介紹本飯店的設施設備和服務，使賓客對本飯店有所了解。這樣做既給客人提供了一種消遣方式，又有意識地宣傳了本飯店。

4.如再等一會接駁車仍不來，可幫客人打電話再度聯繫，如果對方車輛來不了，可替客人叫計程車。這時，6位客人會被飯店熱情耐心的服務所感動，又加上天還下著大雨，路上計程車較少，客人很可能會説「不用了，不用再找車了，我們今天就住在你們飯店啦。」

思考與啟發

　　每一位進入飯店大門乃至撥打飯店電話的客人，都可能成為飯店的潛在客人或對潛在客源有影響的人。

　　飯店員工應有全員行銷的意識，把握一切時機進行推銷，但不可操之過急。應設法使客人先行了解本飯店，然後再選擇適當的時機以巧妙的方式進行推銷。

第二篇　賓客抵達飯店時

　　賓客到達時，飯店客務部對客服務過程中容易出現的問題有：客人入住時的要求與飯店的記錄不一致；客人聲稱訂過房而飯店沒有該客人的訂房記錄。此種情況發生的可能原因包括：客人委託朋友或其他公司訂房，訂房單上寫的是客人委託的公司名稱或朋友的姓名；客人委託朋友或其他公司訂房，其朋友或其他公司未能落實；客人因旺季入住困難，因而謊稱在你飯店訂過房，希望能得到房間；飯店沒有為訂房客人保留房間或所留房間不能讓賓客滿意；雙方對房價有爭議；入住登記手續過於繁瑣或耗時過長；迎賓員及行李員的服務未到位或到位不到家等等。

案例7　預訂房出售了

　　小周是杭州某飯店的客務接待員。1999年國慶節日期間，杭城幾乎所有飯店客房都已爆滿，而且節日期間各飯店房價飆升，10月1日晚11：00左右，小周在工作繁忙之時接到一位潘先生預訂客房的電話。當時還剩下一間雙人房，剛好留給潘先生，並與他約好到達飯店時間是11：30。潘先生是該飯店某已簽訂合約單位的總經理，也是常住客，所以小周特別小心。在等待潘先生的半小時期間，有許多電話，也有許多客人親自來到飯店詢問是否還有客房，他都一一婉言謝絕了。但一直等到11：40時，潘總經理還未抵達飯店，小周心想：也許潘先生不會來了，因為經常有客人訂了房間後不來住，如果再不賣掉，12：00以後就很難賣了，為了飯店的利益，不能白白空一間房過夜。於是，到了11：45時，小周將最後一間雙人房賣給了一位正急需客房的另外一位熟客，晚12：00左右潘總經理出現在櫃台，並說因車子拋錨、手機無電之故未能事先來電說明。當聽說房間已賣掉後，他頓時惱羞成怒，立即要求飯店賠償損失，並聲稱將取消

合約，以後不再安排客人來住這家飯店了。

評析

1.小周向客人解釋，指出是潘總經理未按約定時間抵達飯店，我們沒有責任，無論潘總經理如何氣憤，只表示愛莫能助。

2.向客人致歉，並立即打電話聯繫其他飯店，為潘總經理重新預訂一間同等級的客房，如果無房，儘量在飯店內部挖掘關係解決問題，實在不行，則向客人表示無能為力，並立即向大廳副理彙報，建議日後寫一封致歉信給潘總經理。

顯然，此方法處理得效果較好，氣憤的客人看到你如此不停地打電話到別的飯店為他找房間，從心理上也會好受些，即使他投訴到總經理那兒去，你也不用怕，因為你已經做到仁至義盡了，而且值班經理和大廳副理也知道此事的經過，他們也知道你這樣做是為了飯店的利益，而且有理的一方是服務員小周。

3.向值班經理或大廳副理彙報，將矛盾上交長官處理。遇到自己不能解決的事情向上級彙報是對的，但客人會覺得小周是一個沒有能力，遇到麻煩趕快踢皮球的人，從而反應出整個飯店員工的素質和能力，況且在當時情況下，長官能否解決也還是個未知數。員工不僅應主動為長官分憂，更應站在客人的立場，儘量縮短解決問題的過程，辦事的高效率是優質服務的第一標準。

4.害怕事情鬧大，飯店總經理知道後被炒魷魚，乾脆自己掏腰包賠償損失。作為飯店客務部服務員的小周，從操作程序來看，他並沒有錯，而客人潘總經理途中車子拋錨耽擱了時間也是可以理解的，但要想成為一個優秀的接待員，就不僅僅是操作程序對了就沒有責任了、工作就做好了，必須把事情處理得儘量完美，讓客人覺得你確實努力，沒骨頭可挑才行，故辦法 1 顯然不夠靈活，未把飯店的長遠商業利益考慮進去，很可能由於這次事件潘總經理今後再也不來本飯店消費，甚至還會向親朋好友做負面廣告。另外作為飯店服務員是不能直接指出客人的不是的，哪怕是客人錯了，堂堂的一個總經理怎麼會去接受一個服務員的指責呢？這從心理學角度而言也是行不通的。

辦法4中的小周可真是太忠厚老實、息事寧人了！要知道，小周並沒有任何

錯，難道害怕被炒魷魚，遇到此類問題就自己掏腰包解決嗎？那還不如乾脆放棄這份工作。

思考與啟發

飯店的操作程序要嚴謹而沒有漏洞，要有一定的預見性，如本案例中，在訂房時就該預見到出現後來的麻煩怎麼辦，應事先再三向客人強調國慶日當晚訂房的困難，與客人商定確切的留房時間，以使飯店在後來處理問題時更加主動。

要有一定語言技巧，語言是人與人之間交流最重要的工具。飯店工作者應使用特殊的飯店語言，扮演好與自己日常生活的不同角色。

員工不能什麼事都交給上級處理，應在日常工作中主動地鍛鍊自己的處事能力。這對自己是一個提升的機會，同時，長期下來，上級長官也會覺得你不可替代，從而備受器重。

即使明知不能解決問題，或只有微小的希望，也應在客人面前盡最大努力，讓客人從心理上得到滿足。更何況有可能「皇天不負苦心人」，事情萬一出現轉機，那麼飯店就成功地提供了一次超乎預期服務。客人也將會感激飯店幫他解了「燃眉之急」。

案例8 情人節的禮物

2月14日是西方人的情人節。這一天恰好也正是 H城一家五星級飯店首屆美食節的開幕式之日。飯店在《中國日報》、《大上海》及當地報紙、電台、電視台都做了大量的廣告，飯店外部及大廳內都做了漂亮的裝飾。美食節期間，飯店還有住房贈送餐券、累積消費抽獎等活動，因此慕名前來消費的顧客絡繹不絕。

下午3：00左右，飯店廣場上搭起了各式餐台進行廚藝表演，彩旗飄飄、萬頭攢動，充滿了節日氣氛。這時，一輛紅色福斯桑塔納停在了飯店大門口，行李員快步上前為客人拉開車門，保護頭頂。車上下來一對年輕男女，看樣子像是一對情人。那位小姐說：「親愛的，這兒人這麼多，我們先進去吧，」男的說：「好吧，瑪麗，我們先進去。」接著他對飯店行李員說：「麻煩你，幫我們拿一

下車後面的行李。」説著，兩人步入了飯店大廳。行李員打開後蓋，拿出行李，一共是兩件，此外，車上就沒什麼行李箱了。這時，他抬頭看見又有兩輛計程車過來了，趕緊關上車蓋，並迅速在提示卡上記下桑塔納車號，提著行李來到了櫃台。客人已在登記，瑪麗轉身看到了行李員提著自己的行李，立刻驚呼起來：「上帝！大衛，你送給我的禮物不見了」。大衛趕緊轉身，看到果然只有兩件行李，他趕忙問行李員：「我們還有一件行李呢？」行李員答道：「先生，您車上只有這兩件行李。」大衛説：「怎麼可能？我們還有一件東西在車上，你怎麼這麼不仔細呢？我要找你們大廳經理投訴。」

大廳經理海倫聞訊趕來，對眼前的情況立即做出快速的分析。她知道有兩種可能：一種是客人自己遺失了一件行李；另一種則確實是行李員少拿了一件行李……這時，瑪麗又叫了起來：「大衛，那可是你送給我的情人節禮物啊！」海倫見此情形，問客人：「請問先生，您還有一件行李是什麼樣的？」大衛説，「啊，是一個聖嬰雕塑，用麻布包著的，是我送給瑪麗的禮物。」海倫立刻明白了，一定是行李員忽略了這件用麻布包著的行李。這時大廳裡的客人越來越多，大衛和瑪麗焦急地看著海倫……

試問大廳經理海倫該如何處理這件事情？

評析

1.利用行李員記下的計程車號，請求計程車調配中心以最快速度找到計程車司機，並立即將禮物送至飯店。飯店在當天找到行李並交還客人，同時向客人致歉並贈送水果。

事已至此，當務之急是立即找到客人的禮物，使客人能如願以償。在計程車司機密切配合的前提下，這個辦法應該是處理此事的最佳選擇。

2.告訴客人，計程車已經開走了，我們雖然有車牌號，但不可能很快找到，我們會盡力而為。請客人先進房休息並贈送房內水果。

這個辦法雖然能一時平息客人的焦慮，但不是解決問題的最好方法。因為，這件行李不同於其他行李，它有特殊的意義和特殊的時間界限。也許，第二天找

到了，但瑪麗卻不能在情人節這天收到禮物，會留下遺憾和對飯店服務的不滿印象。

3.在一時無法聯繫上計程車司機，而客人又急又氣的情況下，可請客人詳細描繪禮物的細節，飯店出錢立即去買一個還給客人。若能買到一模一樣的禮物，那麼這個辦法尚可行，客人也會比較滿意，但這種可能性很小。更何況飯店要支出一筆不必要的費用。因此不是最好的辦法。

4.若與計程車司機聯繫上之後發現禮物已不見了，而一時又買不到同樣的或其他合適的禮物還給客人，則可利用飯店美食節的一些活動，給客人安排一個特別的節目，如在情人節燭光晚餐時請鋼琴師特別演奏一支曲子，給客人一個驚喜，儘量讓客人忘記禮物丟失的不愉快。次日，再將禮物丟失的消息告訴客人，同時致歉並給予房價的減免，儘可能減少客人節日當天的不滿意。

這個做法迫於無奈，相信客人雖然會留下一些遺憾，但最終會被飯店的良苦用心和真誠態度所感動。故此法尚可借鑑。

思考與啟發

行李員在取行李時一定要仔細檢查每個部位，並特別注意不要將一些小件行李遺留在車內。取出行李後，不要立即關上後蓋，這樣可以牽制計程車司機。要待客人確認他的行李全部取齊、行李員記下車號後，才可關上後蓋，給司機放行。這樣做的目的是為了避免將小件行李及一些容易被忽略的物品（如本例中的禮物）遺留在車內，以及有足夠的時間給客人確認行李件數及行李的完好程度，不至於讓飯店為計程車司機承擔不必要的責任。記下車號，便於飯店追查客人遺留在車上的物品。

對已制定的服務操作流程要嚴格遵守，不可因某種原因而忽略其中的幾個環節，如本案例中因大門口人多，客人先進一步，行李員沒有與客人確認行李件數，結果就引起了投訴。

在處理某些具有時間限定的事件時，要當機立斷，採取一些果斷措施。

在因飯店工作失誤而引起客人不滿意的情況下，飯店為了留住客人或考慮到

下次生意及飯店的長遠利益，可啟用一些對客人補償措施，如減免房價、贈送消費券等，總之，要讓客人乘興而來，稱心而歸。

案例 9 該不該讓這個客人入住

　　某年10月2日，傍晚5：00　左右，杭州城P飯店的住宿率已達到了92%，僅剩5間已預訂出去的雙人房，還有少數幾間單人房和一套套房可供出租。

　　這時，從飯店大門外進來一位客人，他徑直來到櫃台，對接待員小胡說：「我是上海來的林先生，上海南北訂房中心為我預訂了一個雙人房，房間準備好了嗎？」「請稍候。」小胡立即從電腦上在「預訂類客人」中進行查找，奇怪的是電腦顯示沒有該項預訂。小胡又查了櫃台的預訂夾，其中也沒有該訂房中心的預訂傳真文件。小胡禮貌地問客人：「請問林先生，您有南北訂房中心的客戶憑證聯（VOUCHER）嗎？」「有啊。」林先生立即從公文包裡拿出一張A4大小的文件紙遞給小胡。小胡接過一看，果然是上海南北訂房中心於 9月15日為林先生在P飯店預訂了一個雙人房，住10月2日、3日兩晚，房價按飯店與南北訂房中心簽訂的協議價。但怎麼會沒有原始訂單呢？小胡正在疑惑的時候，細心的領班小徐又發現了另一個問題。以前，每次從上海南北訂房中心過來的客戶憑證聯上都有一個小甲蟲標誌，但這張客戶憑證聯上面卻沒有這個標誌。因此，小徐對這份訂房單的真實性產生了懷疑。是不是客人為了能在國慶節日期間以較低的房價訂到房間而擅自偽造了一張訂房單呢？但又不能僅憑一個小甲蟲標誌來判斷客人所持客戶憑證聯的真假，因為南北訂房中心從來都沒有向飯店正式聲明過以此小甲蟲作為該訂房中心客戶憑證聯的真偽識別標誌，或許這只是某個訂房員個人的愛好，而這次，正好又不是該訂房員操作的呢？這些都是有可能的。如果在平時，櫃台可以立即打電話與該訂房中心聯繫確認，或與客人協商一個房價安排客人入住，可偏偏國慶節日期間訂房中心休假，而飯店又沒有多餘的雙人房可供出租了，即使是剩下的單人房和套房，根據總經理室的指示，在國慶節日期間也要執行特別的價格政策，按門市價上漲 20%出售，客人能接受這些房型和價格嗎？

　　此時，天色已暗，小徐非常清楚，在這樣一個旅遊城市，這樣一個節日裡，

眼前的這個客人已經不可能再在別的飯店訂到房間了。看著客人期待的目光，我們的櫃台接待真的是感到為難了。下一步櫃台接待員該怎麼辦？

評析

1.告訴客人飯店沒有收到過南北訂房中心的原始訂房傳真文件，因此沒有為他預留房間。雖然客人持有該訂房中心的客戶憑證聯，但飯店還是以原始傳真件為準，若有異議，請他自己與訂房中心聯繫。

明知節日期間訂房中心聯繫不上，卻讓客人自己聯繫訂房中心，明擺著是一種推脫。告訴客人飯店沒有收到訂房傳真以及飯店以原始傳真文件為準，都是對客人不信任的直接表現。若客人所持客戶憑證聯果真來自訂房中心，客人會有被侮辱、被欺騙的感覺，同時也使客人對訂房中心產生不滿，這也不利於雙方今後的合作。因此，即使飯店真的不能給客人解決住宿，也絕不應該採取這樣的辦法。

2.給客人出示以前南北訂房中心過來的客戶憑證聯，指出客人所持客戶憑證聯上沒有同樣的小甲蟲標誌，以此為由，謝絕按訂房單安排入住。同時告知飯店尚有少量單人房和套房，可按本飯店節日期間的價格標準出租給客人。

這樣做給客人的第一個感覺，首先是飯店不接受他出示的「憑證」，原因是認為這張憑證是偽造的，假如事實情況不是這樣，客人會非常生氣，對訂房中心、對飯店都會很不滿意；其次，客人為了證明自己的「誠實」和「清白」，會堅持要以協議價入住，而不接受本來有可能接受的「節日價」，否則，客人就等於默認了「偽造」的事實。因此，這樣處理把客人推向絕路，結果很可能會使雙方在大廳爭執起來，破壞節日氣氛，影響其他客人。故此法不妥。

3.向客人說明飯店未收到過訂房中心的預訂，加之客戶憑證聯上又沒有小甲蟲標誌，因此，該預訂是無效的。但考慮到客人目前的處境，飯店可以按給南北訂房中心的協議價出租給客人單人房或套房。

應該說，在當時的情況下，客人能以協議價拿到房間是一件很幸運的事。但櫃台既然同意按協議價提供住房，先前的「說明」就未免顯得多餘了。它不僅不

能使客人感受到飯店為他提供了超乎預期的服務，反而會使其認為飯店和訂房中心在操作上都有問題，從而產生不滿。因此，這個辦法可以說是「畫蛇添足」。

4.不管櫃台是否有原始訂房傳真，只要客人按櫃台的要求出示了憑證（VOUCHER），就相信客人，承認該預訂。但向客人說明因節日期間飯店用房緊張，他預訂的雙人房房型沒有了，其他飯店可能也都訂滿了，請客人諒解，並建議以協議價入住本飯店單人房或套房，次日有雙人房再為他調換。

「客人永遠是上帝」，不管在平時或在節日，所以，不可以懷疑客人。另外，節慶期間，預訂的房間沒有準備好，只要飯店的接待員真誠地向客人解釋和道歉，相信客人都會諒解的。況且飯店為客人提供其他選擇，也是幫他解了「燃眉之急」。因此，這個辦法較好。

5.向客人解釋，因為飯店事先因故沒有收到訂房中心的預訂，所以房間沒有準備好，同時因為節日期間執行特殊價格政策，因此需要與訂房中心再次確認該預訂的房價。先請客人按門市價入住單人房或套房，次日飯店將與訂房中心聯繫，若確有該預訂，可沖抵房費，若沒有該預訂，則按節日房價收取。

這樣處理存在兩種可能。首先，如客人確實偽造了憑證，最後按節日價收取房費，當無可非議。但飯店也應從客人的角度去理解客人的難處，也許客人確實是因為在節日期間訂不到房間，迫不得已才出此下策。飯店應考慮到這一點，並給客人留有一些餘地，而不要去拆穿客人。否則讓他沒有面子，也許下次再也不會光顧這家飯店了。第二種可能，若客戶憑證聯是真，則飯店這樣處理顯然會傷害客人的自尊，第二天即使證實了憑證是真，沖抵了房費，但客人心頭的結卻難解開了。因此，這樣處理不是最好。

6.認可客人所持客戶憑證聯的真實性，更考慮到訂房中心平時給飯店帶來較大的客源量，因此優先保證訂房中心客人的房間，從已預訂出去的雙人房裡調出一個給林先生。

這個辦法會讓林先生非常滿意，也會讓林先生真正體會到訂房中心的好處，有利於鞏固飯店與訂房中心的合作，但遺憾的是並不能做到讓飯店所有的賓客皆大歡喜，緊接著，被頂替的那位預訂了雙人房的客人就會如期而至，麻煩也會隨

之而來。當然櫃台這樣處理也許是出於對飯店客源量的保證，但恰恰忽略了一個：對所有客人一視同仁的基本待客原則。因此，這個辦法也不可取。

思考與啟發

對一家飯店而言，即使是節日期間，也不應只考慮經濟效益而出租完所有的客房，飯店在任何時候都應該控制出租率，留出適當數量的備用房以備下列情況應急之用：

1.有 VIP（重要貴賓）臨時抵達，需要在本飯店安排住宿時；

2.住宿飯店客人的房間出現 OOO（壞房）狀態，而一時又無法維修，需要換房時；

3.預訂與接受預訂雙方在銜接、操作方面發生不夠順暢的情況時；

4.在高峰期或旺季作為一個公益產品提供給社會，如在媒體即時訊息上將備用房間提供給殘疾人等，這是一種提高飯店知名度和美譽度的機會。

在飯店服務與管理中，要做有心人，對合作單位的單據證件要仔細審查，對特別的標誌及經常出現的圖案、符號等要熟悉並明了其涵義，必要時要與對方達成共識，不要一知半解，憑空猜測，以免關鍵時刻因不熟悉業務，無法向客人解釋而引起投訴。

飯店對原始單據的接受、傳遞、保管，要實行嚴格的制度化管理，以此來保證單據的萬無一失。

在與客人接觸過程中，客我雙方不可避免地會出現種種誤解、矛盾和爭執。飯店工作人員應時刻牢記「把對讓給客人」的服務理念。主動承擔責任，照顧客人的面子和尊嚴，相信大多數客人都能心領神會，並在適當的時機回報飯店。

飯店應儘量滿足所有客人的要求，而不應厚此薄彼，以犧牲一些客人為代價，滿足另一些客人的要求，必要時應適當犧牲飯店部分經濟利益，以換取客人的滿意，爭取良好的社會效益。

案例10 開不開空調

1999年10月15日晚10：00，杭州某飯店大廳內20位客人集中在大廳副理的面前，要求立即開啟空調。原來這是與飯店合作的中旅馬來西亞系列團的客人，他們大多數是第一次來到中國。客人投訴房間太悶熱，他們在國內時旅行社承諾是住四星級飯店，而在他們的理解中，四星級飯店就應該開空調。這下大廳副理為難了，在接待這批客人之前，有一個荷蘭來的80人退休教師旅遊團領隊，剛找大廳副理反應過房間內太涼，希望能開暖氣，因為這批退休教師都60歲以上，身體不是很好（當時室內溫度是18℃，室外15℃）。現在不開空調尚且如此，更不要提開了冷氣會導致什麼後果，可是前面20位客人的示威及一副不開冷氣誓不罷休的架勢，又讓大廳副理不知所措。大廳副理該如何同時解決兩批客人截然相反的要求呢？

評析

1.開啟暖氣，因為此時室內溫度只有18℃，室外只有15℃，未達到飯店應有恆溫20℃～26℃，以滿足大部分客人的要求，並且向馬來西亞團客人說明飯店只能滿足大部分客人的要求，沒有哪一家飯店可以同時供應暖氣和冷氣。

這樣做雖然符合了大部分客人的要求，但對馬來西亞團客人而言，無疑就像「火上澆油」，會覺得飯店不重視他們。馬來西亞客人很可能會說，同樣是付錢，為什麼他們的要求不能滿足，搞不好還會導致他們立即退團換住其他飯店，並在回國後向旅行社取消此系列團。所以此種解決辦法並不完善。即使開窗放進自然風，客人也可能會投訴噪音太大、灰塵太多，且不安全。

2.開啟冷氣，同時通知荷蘭團領隊，把該團房間的空調都關掉。這種方法雖然滿足了馬來西亞團客人的要求，但不符合處理客人投訴的基本原則。即使荷蘭團客人房間都關掉空調，不放冷氣，但其他公共區域還是會感到溫度太低，且客人的心裡也不舒服，總會感到冷氣無處不在。結果可能是客人都留在房間裡不出來消費，從而會降低飯店的營業額和效益。反之，若啟動中央空調機組，大量耗費電能，而只為10個房間開放冷氣，無疑又會大大增加飯店的能源成本，基本

抵銷房費收入。

　　3.既不開暖氣，也不開冷氣，而只是保持信風入室。同時通知兩個團隊的領隊，如還有客人嫌太熱或太冷，可以給客人房間加毛毯或送風扇、冰塊。如有必要，可開啟一些房間的窗戶，讓自然風把室內溫度降下來，並且通知值班工程師將電子溫度計拿到房間實地測量室溫，向荷蘭客人解釋由於兩個人一個房間，過20～30分鐘室溫即可達到20℃，如開暖氣，室溫快速上升，會覺得太熱。在中國，20℃的室溫最適宜，不宜再開暖氣。向馬來西亞客人解釋，飯店的信風是從店外吸入的自然風，低於室內溫度，只有15℃，可使房間涼下來。如嫌太慢，可以暫時開窗，讓自然風盡快入內，同時說明18℃的室溫已低於飯店20℃～26℃的正常開空調溫度範圍，況且室外溫度還在下降，如果再開空調，其他客人勢必都會投訴，為照顧大部分客人的要求，請其諒解。

　　以上情況在春秋季經常會遇到，開暖氣或開冷氣都會引起某些投訴，而且增加飯店的運營成本。春秋季應是飯店節約能源的最佳時機，而合理、耐心的解釋往往比較奏效，既滿足雙方客人的基本要求，又為飯店節約了大量成本。

　　思考與啟發

　　在季節變化或接待特殊賓客（如來自熱帶的客人、老弱病殘客人等）的特殊時期，要有足夠的備用物品，如毛毯、風扇及其他應急用品如冰塊等。

　　東南亞客人因來自熱帶，特別怕悶熱，其心理定勢就是到處都熱。這與其日常生活環境有關。接待來自熱帶地區，特別是東南亞客人的飯店對空調問題要有充分的準備。

　　上了年紀的客人一般身體狀況不如年輕人，比較怕冷，要注意觀察並做好相應的準備。

　　滿足單方的要求或者大部分客人的要求不是解決問題的最好辦法，飯店要儘量做到兩全其美，在做不到的情況下，也應對損失一方採取適當彌補措施，以求雙方都能達到心理上的平衡。

案例11 支付押金和信用卡丟了

從美國來的史密斯先生正在 H 飯店櫃台接待處辦理登記入住手續。他事先請飯店總經理為其預訂了房間。櫃台袁小姐核對完護照與登記單，確認客人用現金支付後，請客人在登記單底端簽名，並請客人到收銀處支付押金。「什麼？付押金？」史密斯先生顯然對此事感到驚訝，「我住飯店從來都不需要支付押金的，難道你們不相信我，認為我會逃帳嗎？我可是你們總經理介紹的客人。」「不是的，史密斯先生，請您不要誤會。這是我們飯店的一項規章制度，每位入住我店的客人都要先交一定數額的現金或刷卡。這是為了支付您所有的房費及15%的城市維護建設稅和您將要在本店簽單消費所收取的押金。」史密斯先生顯然很不情願地付了押金。

次日，史密斯先生在西餐廳招待朋友。因其消費金額較大，西餐廳收銀員要求他現場結清帳單，史密斯先生則要求簽單掛帳，待離開飯店時一併支付。收銀員在請示了上級後，同意掛帳。

第三天，史密斯先生要求續住，櫃台發現他的押金不夠了，要求他立即到收銀處續付押金，並重製房卡。下午兩點，史密斯先生來到櫃台，「對不起，小姐，我的現金帶的不多，能否使用信用卡？」「當然可以，您用的是什麼卡？」「American express card（美國運通卡）」「歡迎使用，請出示您的信用卡好嗎？」史密斯先生拿出錢包，卻發現他的卡不翼而飛，「天哪，我的信用卡不見了。」他立即回房尋找，但沒有找到。

櫃台將此事立即彙報給了大廳經理，請他來處理。幾乎同時，史密斯先生也打電話給大廳經理請求幫助。問題：大廳經理該如何處理這件事呢？

評析

1.飯店各個部門協助尋找客人的信用卡。如果能找到信用卡，則請客人使用信用卡消費；同時在信用卡找到之前，請客人協助向銀行報失，同時取得他的信用卡帳號及授權，以保證飯店收取客人的消費金額。

不管客人是否真的丟失了信用卡，首先一定要讓他感覺飯店對他絕對信任，並盡全力幫助他，同時以嫻熟的業務水準保證了飯店和客人各自的利益。故此做法較好。

　　2.向介紹該客人入住的飯店總經理彙報，請他給客人擔保，同時讓客人想辦法付足押金。如果客人真的是總經理的朋友，總經理一定會出面解決此事，這樣，同時也給了客人一段緩衝的時間。相信如果雙方都有誠意，此事一定會最終解決。故此法也可行。

　　3.婉拒客人續住，請客人辦理離開飯店手續。

　　在客人無力續付押金，又找不到信用卡的情況下，為了保障飯店的實際利益，趁目前尚未造成太大損失，清清爽爽地請客人離開，也是飯店的常見做法之一。但顯然，這樣做離我們倡導的高星級飯店的優質服務相距甚遠，故不值得借鑑。

　　4.要求客人將護照等證件及貴重物品寄存在飯店保險箱內。此做法可行，既沒有觸及客人利益，也保障了飯店利益，同時也是可以被客人接受的。若客人沒有誠意，此法也造成了一定的約束作用。

　　5.保留客人護照，請客人找親戚朋友到飯店為其付帳。這樣做未免有些不客氣，飯店應該採取更委婉的方式。

　　思考與啟發

　　對現金支付的客人，尤其是對沒有行李或只有很少行李的客人，在入住時一定要收取足夠的押金，並向客人做出準確的說明。

　　櫃台要儘早打出　DUE-OUT（預計離開飯店）房的客人名單，儘早與客人確認是否續住或離開飯店日期，以便有足夠的時間讓客人準備結帳款。

　　在帳務處理過程中，既要保證飯店利益不受損失，也要急客人之所急，在力所能及的範圍內幫助客人。

案例12 羅伯特先生無房

　　某日，一位外籍客人羅伯特先生經當地公司介紹訂房入住某大飯店，要一個雙人房預住兩天。但在櫃台辦理入住手續時，接待員告訴羅伯特先生，他的預訂只有一天，而現在又正值旅遊旺季，第二天的雙人房難以安排。羅伯特先生聽後大怒，強調自己讓當地接待單位為他訂房時是明確要住兩天的，訂房差錯的責任肯定在飯店。由此，接待員與客人在櫃台形成了僵持局面。接待員該如何妥善處理此事？

　　評析

　　1.無論責任在於那方，接待員均應向客人表示歉意，以穩定客人的情緒，在聽取客人意見後，可耐心做出解釋，提醒客人追究責任並不是當前的主要問題，而盡快解決其入住的實際問題才是當務之急。因正值旅遊旺季，在雙人房較緊張的情況下，可建議客人次日換住一間套房，並給予適當的折扣。這樣，當羅伯特先生發現次日調換住套房後的價格只比第一天住雙人房的價格略高些，會感到比較合算。

　　這種做法成功率較高，不妨一試。

　　2.發現有誤，亦可首先盡快查明原因，若責任在於代訂公司，接待員可以按原則辦理，只給一天住房，次日的住房請客人自行解決或建議其入住其他飯店。

　　此種做法會讓客人感到飯店人情味淡薄，難以指望客人成為回頭客，所以不到萬不得已，通常飯店不應這樣做。

　　3.若查明責任在飯店一方，接待員更應該站在客人的立場，想方設法調整房間，為客人解決難題，如實在無同類房安排，可給予房間升級。這樣做，既維護了客人的利益，又挽回了飯店的聲譽，一舉兩得。但事後飯店內部應查明責任，並予以相應的處理，畢竟在維護了客人利益的同時，飯店也蒙受了一定的損失，而且飯店也應儘量避免同類事情再次發生。

　　4.如果當地代訂公司與飯店屬關係良好的協議單位，接待員在無法調整同類

房型的情況下，應請示上級，同意給予房間升級，從而保證飯店與該公司之間長期的友好合作關係順利發展。有時代訂公司為了今後的長期合作，也會主動承擔責任。

思考與啟發

在訂房時，由於種種原因會出現一些差錯，接待員應立足於盡快解決客人的問題，而不是停留在與客人爭論責任在哪一方。

要重視客人的意見，因為客人堅信出現這種情況的原因是由於飯店或接待單位有問題。接待員要本著「客人總是對的」這一原則，從飯店自身工作的方面去找原因，從而奠定解決問題的良好基礎。

迅速做出反應，提出雙方均可接受的合理化建議，切不可在櫃台僵持，否則會不利於問題的解決，也會造成不良影響。

把握客人的心理，建議對客人入住的套房給予折扣優惠，或給予房間升級，對客人因未得到應有的服務而引起的不滿予以安撫，也可以酌情送上鮮花或水果，使客人心理上產生受尊重的感覺。

案例13 國慶訂房

每年的國慶節日，杭州各大旅館的客房均爆滿，今年的國慶更不例外，許多飯店已在半個月前就不接受訂房了。

梁先生深知杭州國慶節日客房數很緊張，故早在一個半月前就向三星級的A飯店預訂了一間雙人房，並告知他將於10月1日晚上9：00抵達飯店。飯店訂房部接受了他的預訂，並答應為其保留房間到晚上9：00。國慶的前一天梁先生還打電話確認了他的訂房，並表示他將如期抵達。正如往年一樣，當天的客房供不應求，預訂的客人也早早地來到飯店並辦理入住登記手續。也有不少未做預訂的散客慕名前來，但被告知暫無客房，請他們於下午6：00之後再打電話來詢問。

10月1日下午6：00以後，仍有幾位預訂客人尚未抵達，而大廳內未預訂的

散客仍有不少還在等待和要求安排房間。接待員小王不敢隨便地取消預訂，因為有些客人預期抵達的時間還未到。

晚上9：00，小王翻了翻當天的預訂單，發現梁先生仍未如期抵達。小王在考慮要不要再為梁先生保留一會兒客房，恰好這時從門外進來了兩位客人。他們向小王傾訴苦衷，説兜了一大圈兒，實在找不到客房，請求小王無論如何都要幫忙為他們提供一間房間。小王這時想：「反正梁先生預期抵達的時間已過，如果梁先生真的不來就會給飯店造成損失。我為眼前的兩位客人解了燃眉之急，他們還不知會多激動呢。」於是，小王就説：「兩位先生可真幸運，來得早不如來得巧！前面有幾位客人來，我們還真沒房間給他們呢。正巧有位預訂的客人到現在還沒來，我就將房間安排給你們吧。這可是最後一間房間了！」兩位客人自然非常高興。

剛把兩位客人安頓好，梁先生一家三口急匆匆地出現在面前。梁先生嘴裡不停地説：「今天真是不順，飛機整整延誤了半個小時。我們不停趕路總算到飯店了，都快累壞了，趕緊安排我們進房吧！」只見小王一臉的為難，説：「梁先生，實在抱歉，按照國際慣例，我們為客人保留客房到晚上 6：00，由於你事先告訴我們將於晚上9：00抵達，所以我們一直為您保留著客房，但是您看，現在已經9：15了，今天又是國慶日，房間特別緊張，許多客人都等著要房間，所以……」梁先生未等小王把話講完，就大發雷霆：「什麼？你們也太不講信用了！我才遲了十幾分鐘，你們就把我的房間賣給別人了。飛機延誤又不是我的錯！不管怎麼樣，你們今天一定要為我安排一個房間，否則，我們只有睡馬路了。」試問小王下一步該如何做？

評析

1.向梁先生解釋，假如他預付了保證金，飯店倒是可以無限期地為他保留客房。因為即使客人沒來，他仍將支付當晚的房費。但是由於梁先生並未支付保證金，故為其將客房保留至晚9：00已是盡到責任了，何況當天又是國慶日，本來房間就很緊張。向客人深表歉意，勸其另找一家飯店。

按理説，小王為飯店的利益著想，待預訂時間一過就及時地將客房銷售出

去，是一種明智之舉，無可厚非。但是，輕易地將客人拒之門外，卻會影響飯店的聲譽，甚至會影響未來的客源。梁先生將再也不會選擇這家飯店，甚至還會影響到一批潛在的客源。此舉將會引起梁先生的強烈不滿，不應提倡。

2.向梁先生深表歉意，積極為其聯繫附近的同等級飯店，並向梁先生保證，第二天一定為他們留出一間客房，並派車送他們到那家飯店。

因為錯不在飯店，故小王若這樣做了，梁先生應該是可以接受的。這也是三星級飯店常見的做法。

3.飯店並未百分百的住滿，只是雙人房已全部售完，還剩較難銷售的豪華套房未出售，可以考慮給梁先生房間升級。即為梁先生一家安排豪華套房，但只收雙人房的價格。因為飛機延誤也不是梁先生的錯，何況也只遲了十幾分鐘，等第二天再為梁先生換房。

這種做法很有人情味，且雙人房換成豪華套房，費用不變，對於梁先生來說不但沒有任何損失，反而還占了便宜，沒有不接受的理由。故此法可行。

4.若飯店的客房已全部出售，但還剩有一間維修房，是靠窗的屋頂漏水而導致不能出租，此時可考慮給梁先生安排此房。

不到萬不得已，飯店一般不出售維修房，但是此事件中，飯店方並無過錯，在當時情況下，飯店「急客人所急」，及時為其安排住宿，梁先生也應該非常感激才對。此方法不妨一試。

思考與啟發

在旺季接受客人預訂，應儘量要求客人支付保證金，以確保客人的預訂。這樣做同時也能使飯店處於主動地位，有效避免因客人訂房不到而造成的損失。

接受預訂時，要留下客人的電話、傳真、手機號碼，以便隨時與客人聯繫，及時掌握客人的情況。

告知客人若不能按時抵達飯店，可來電話通知飯店確切的抵達時間，以免飯店因超過預訂房保留時間而取消預訂，致使客人住不到房間。

案例14 總經理的朋友要打折

晚間10：00左右，某飯店客務接待處有一位客人，正在大聲地和服務生陳小姐爭論著什麼，而陳小姐又好像在堅持著什麼。經了解，原來客人自稱是總經理的朋友，要求陳小姐給他一間特價房間，而陳小姐卻說沒有接到過總經理的任何通知，只能給予常客優惠價。對此，客人很不滿意，於是大聲地吵了起來，並說一定要向總經理投訴，她連總經理的朋友也不買單。

陳小姐該如何答覆並處理此問題呢？

評析

1.告知客人，可由櫃台或其自己馬上與總經理聯繫，如果總經理同意打折，馬上照辦然後讓總經理做出明確指示。

此法一般不可行，除非是很重要的事，一般不應直接與總經理聯繫。這種情況下，或許總經理遺忘了，陳小姐可以讓客人稍等片刻，自己在避開客人的情況下，給上級或總經理打個電話證實一下，但一般情況是不提倡的。作為一個好的員工，不能一有事就找上級，否則上級或總經理豈不是什麼事都做不成，專門應付這些瑣事就夠了。另一方面，員工如果只是個傳聲筒，也就不用做實際工作了。

2.告知客人，這是沒有辦法的，作為一個服務員只能照章辦事，在沒有接到任何通知的情況下，自己只有給予常客優惠價的權利，而無權給特價房。如果客人要向總經理投訴也請便，反正自己做得沒有錯。

此方法是不可行的。雖然很多客人都自稱是總經理朋友，以爭取得到優惠價，但他們畢竟都是客人，如果被得罪了，大可一走了之，去住別的飯店。因為客人會感到自己很沒面子，也沒有一個台階可下，特別是他旁邊還有別的朋友，這樣做對飯店有害而無利。更何況如果他的確是總經理的朋友，只是一時找不到總經理或總經理忘了通知櫃台，這樣做無疑會給總經理增添很大的麻煩。

3.讓客人先登記入房，告知可能總經理通知了其他服務員，而他們忘了留下

轉達或留言，或許總經理第二天一早會通知我們的。只要是總經理的朋友，我們總會給您一個滿意的價格。然後第二天一早詢問一下上級或總經理，是否有這樣一位朋友，如果的確是總經理忘了通知，那麼這樣做就是幫總經理彌補了一個過失，使其不至於得罪朋友。反之，如果此人與總經理並不相識，無非是想爭取一個優惠價或在朋友面前有面子，那麼第二天結帳時，給他一個普通的常客優惠價，相信客人也會很樂意地離去。故此法可行。

思考與啟發

飯店應該有一個健全的管理體制，包括飯店的價格政策，怎樣的客人該給予怎樣的價格應該有明文規定，不能有太大的靈活性。這一點應從總經理開始做起，因為靈活性太大，勢必對價格管理造成混亂，最終必定走向失敗。所以總經理必須帶頭做好並且抓好此項工作，當然特殊情況也應該特殊處理。

加強對員工的培訓，增強員工下級對上級負責的意識，儘量發揮主觀能動性，獨立地去處理每一個問題，不要做一個傳聲筒，什麼事都找上級。沒有獨立思考能力的員工是一個不稱職的員工。

案例15 行李被損壞之後

3月的杭州城一片春意盎然，各國的遊客紛紛抵杭一睹杭城的秀麗景色。3月15日晚6：00，40＋2人的韓國團一行抵達杭州城某飯店，櫃台小姐則有條不紊地為客人快速登記。晚7：00，該團行李運抵本店。由於3月份正值旅遊旺季，團隊特別多，行李員沒有按規程檢查行李的完好情況，匆匆清點了行李件數後就簽了字，並迅速將行李運送至客房。晚　9：00，該團領隊陪同817房住客向大廳副理反映，817房客的一個行李包被弄破，要求飯店對此負責。經清點，客人表示包內錢物並無損失。遇到此類事情該如何解決？

評析

1.告訴客人，此包明顯是被拉破的，受損的程度表現出責任不在飯店，應該是在行李到達飯店之前在裝卸、運送行李過程中受損，所以不應由我方負責。請

其去找旅行社，去追究行李運送單位一方的負責。

該方法不甚可取，這將會激怒客人，使事態擴大化，同時也影響飯店的聲譽，雖然受損的程度表現出責任不在旅館這方，

2.向客人致歉，並表明雖然行李是由對方在運送途中受損，但飯店方對此也負有一定的責任，所以飯店將做出一定的賠償（可以向客人問明該包的價格，可以現金形式予以賠償，如果客人同意，也可為其重新購買一個）。

該方法是可取的，雖然飯店有所損失，但實際上生動地表現了飯店勇於負責，處處為客人著想的精神，反而提高了飯店的聲譽。同時該團領隊及客人將比較愉快，對飯店認真負責的工作態度會予以高度的讚賞，從而造成良好的廣告效應，不僅為今後開拓了客源，也提高了飯店的良好信譽。

3.向客人表示歉意，如客人已做財產保險，飯店方可以給其出具一張證明，證明該客的行李運抵飯店時已被拉破。

在客人具有財產保險的前提下，此法不失為是個上策，因為客人可憑飯店方的證明獲得相對賠償。

4.向客人表示歉意，因從該行李包受損的情況判斷，責任不在飯店方，是行李在到達飯店之前在裝卸、運送途中所致，但飯店將幫助其與對方聯繫，由對方向其出具有關證明或負責賠償。

該方法通常不可行，雖然該包破損不是由飯店方造成的，但飯店方行李員未做檢查而貿然簽字，飯店方已無法提供任何證據證明自己對此事無責任，所以對方亦可不承認損壞是由其造成，而認為是由飯店方行李員在運送行李中不慎所致，從而對此事不予理睬，而最終讓客人感到是飯店毫無信譽，形成不良影響。

思考與啟發

在任何情況下，進出行李一定要核對標籤、數量，並檢查有無破損，然後按規定程序簽收。行李員要對自己的簽名負責。

案例16 可以游泳，我才在你們飯店預訂房間

小李和小王都是某公司的採購員。他們接到通知，下個月要到外地某城市出差。小李酷愛游泳。他在向該市一家四星級飯店訂房時，就已向預訂員問明白了該飯店是有游泳池的，且該泳池對住宿飯店客人免費開放。不巧的是，剛好在小李和小王入住的前兩天，該飯店工程部趁著這段時間來游泳的人少，而臨時決定要對泳池進行維修，結果游泳池需要連續5天不能對外開放。不過，他們並沒有把泳池這5天不開放的訊息及時通知給飯店前台及各營業部門。這天，小李和小王辦好入住手續後，就在櫃台的指示下興沖沖地找到了游泳池所在地。可想而知，他們一看就傻眼了……小李找到了飯店的大廳經理，要求飯店給個說法，否則他們就不付錢，換個飯店住了。

評析

此案例關鍵在於工程部沒有及時將泳池維修的訊息公告給各相關營業部門，造成預訂部沒能在客人入住前通知預訂客人，辦理入住登記時櫃台也未予及時說明，直到客人入住後才自己發現了泳池停用維修。難怪客人會投訴，有受騙上當之感。所以大廳經理在處理該投訴時首先應著眼於解決問題，一方面向客人道歉，給客人帶來不便，請他們諒解。另一方面迅速與工程部聯繫，看泳池是否能提前開放或有什麼另外的解決辦法，既能照顧到客人的需求又不影響工程部的計劃。如果不行，只能向客人建議飯店附近的游泳池了。若客人同意，可幫他們買票並送他們前去。相信這樣的處理方式客人還是能夠接受的。

飯店可告知小李，在他電話預訂客房時，確實游泳池是可以使用的，不巧的是從前天起泳池才停用維修。這是事先難以預料和估計到的，所以預訂員並沒有騙他，請其諒解。如因泳池不能使用，客人就要搬到其他飯店去，本飯店只能深表遺憾。此時應設法盡最大努力滿足客人的游泳要求。

思考與啟發

飯店應如何努力培養員工的合作意識，例如是否事先問清楚工程部後再答覆客人會更好些，工程部也應把相關訊息及時、準確地告訴相關部門。

案例17 還不知道我是誰嗎

Z先生是某五星級飯店的熟客，他每次入住後，飯店的公共關係部經理都要前去問候。大家知道，Z先生極好面子，總愛當著他朋友的面來批評飯店，以自顯尊貴。這天，當公關部經理再次登門拜訪時，發現 Z先生正與他的幾位朋友在一起，果然Z先生的話匣子又打開了：「我早就說過，我不喜歡房間裡放什麼水果之類的東西，可這次又放上了。還有，我已經是第 12次住你們飯店了，前台居然還向我要身分證登記。難道你們電腦裡沒有存嗎？是不是現在生意好了，有沒有我這個客人都無所謂了？」

評析

這個批評是建議性的投訴。客人把某種不滿告訴投訴對象，不一定要對方做出什麼承諾。關鍵是要掌握客人投訴的心理需要，以使加以迎合或滿足。所以飯店公共關係部經理可以這樣向客人解釋：「怎麼會呢，您是我們尊貴的客人，我們歡迎還來不及呢，怎麼會無所謂呢。您提的意見我一定轉告前台，相信下次您再來時一定不會這樣了，非常謝謝您的批評。」這樣的說法就迎合了Z先生需要在朋友面前顯示尊貴的心理需要。當然客人的批評也是正確的。這就要求飯店在接待有客戶歷史檔案的客人時簡化登記手續，如需要客人的身分證號碼和照片，均可在接待客人入住後再從其檔案中調出加以登記。這樣既可加快入住登記速度，也可讓客人感到方便和重視。

思考與啟發

這個案例還告訴我們，在處理投訴時除遵循處理投訴的普遍規則外，注重用符合客人個性的方式來處理投訴，也是一項不可忽視的原則。如有的客人喜歡被奉承，聽好話；有的客人喜歡部門經理，甚至總經理出面；還有的客人並不喜歡一本正經地道歉，相反，幾句輕鬆幽默的話倒可化解衝突。因此需要觀察、揣摩客人的個性特點，並區別對待。

客務各部門，應充分利用客戶歷史檔案為客人提供優質服務。

應注重研究客人，特別是常客的心理。

應經常思考，如何才能把工作做得更快、更好。

第三篇　賓客住宿飯店期間

賓客住宿飯店期間，對客服務過程中容易出現的問題主要有：客房設施設備、消耗品或服務讓賓客不滿；商務中心及總機的服務讓賓客不滿：如對打字、影印、傳真、電腦傳送、文字處理等項服務不滿；對訂票及其他委託代辦服務不滿；總機電話接轉、留言、叫醒服務令客人不滿；騷擾電話令客人不滿；問訊及收銀服務讓客人不滿；客務收銀員催收押金令客人不滿等。其他方面主要有：客人對其房間鑰匙卡過期失效不能開門、客人要求換房未予答覆或落實、客人住宿飯店期間提出投訴飯店未予妥善解決等問題產生不滿。

案例18　腰包不見了

某美籍華人旅行團到達某飯店第二天上午8：00左右，該團中的張女士急匆匆地找到大廳副理小陳，投訴說她掛在腰間的腰包不見了，內有600多美金，並非常肯定地說：「我已經找遍了房間所有的地方和行李箱，都未找到，記得很清楚是放在房間內桌子上的，剛才我還看到有客房服務員進我的房間。」

該團8：20要出遊旅遊景點，導遊在一旁也幫客人講話且非常著急，整車客人都等著呢！問題：大廳副理小陳該如何處理呢？

評析

1.立即打110報警，由當地公安機關來調查處理此事。向110報警，是一個查處的辦法，但若110警車開到飯店門口，身穿制服的公安進進出出，在飯店客人看到後的第一感覺，肯定會認為該飯店發生了重大案件，進而感覺安全係數下降，這將給飯店帶來間接的損失。故此法不妥。

2.向客人承諾我們一定會查出那位服務員，追回失竊款。失竊現像在飯店難免會發生，有內盜也有外盜，但作為飯店大廳副理，面對如此急躁而又肯定的張女士，一定要冷靜面對，切勿當場苟同她的陳述，而且在事情尚未水落石出之前，不要給客人任何承諾。設想如果是在客人房間內衣櫥裡的小件行李包中找到了腰包，那麼對受懷疑、被盤查的服務員的打擊將會多大！故這樣做是不利於飯店內部管理的。

3.安撫客人不要著急，我們一定盡力幫助查找。讓張女士仔細回憶她最近一次看到腰包的時間、地點，詢問其是否去過別的什麼地方，並請該團導遊留下聯繫電話，告訴客人一有結果立即通知她。客人走後立即通知飯店保安部和客務部，進行查找。

飯店內是有安全保衛部門的，可將事情的詳情向保安部彙報，透過飯店自身的設備和能力解決問題。所以第三種解決辦法是比較穩妥可行的。且當時讓導遊留下聯繫電話，而不是讓失主回飯店後再告知結果的做法也較周到，若事情很快有了結果，可立即通知客人，不至於使張女士在整日的行程中全無興致，從而影響整團客人的心情。

思考與啟發

首先飯店應該加強安全保衛工作，要杜絕失竊現象的發生。

要對服務員進行素質培訓，使之具備飯店從業人員應有的基本素質，同時要制定一系列嚴格的規章及獎懲制度。

一旦有失竊現象發生，飯店管理人員要沉著冷靜，要掌握最基本的失竊處理常識，如保護現場等，要及時會同保安部門破案。

案例19 雙重賣房

×飯店是一家按四星級標準建造的飯店。由於所處地段不甚理想，散客客源不是很多，所以該飯店以接納團隊為主。1999年10月18日該店將有6個團隊抵達飯店，由於506房客將延遲至晚7：00退房，故櫃台早班員工將上海某旅行社韓

國團16＋1人原訂的506房換至516房，並在團隊資料及電腦上分別做了調整，但房卡及團隊歡迎卡上卻忘了更改。

當晚6：30該韓國團一行抵達飯店，中班員工亦未發覺房卡、歡迎卡上的資料與團隊資料及電腦中不符，當即為客人辦理了入住手續，客人拿上房卡便進了房間，致使電腦中516房為已住房，而實為空房；客人真正入住的是506房，但電腦上卻顯示為空房。故晚10：30，櫃台員工便將此「空房」賣給了一位散客。客人辦完手續上了樓層，不到3分鐘便打電話下來質問：「你們怎麼搞的，506房已有人入住，這樣的房間你們也會賣，我要找你們大廳經理投訴。」櫃台小姐只好將此情況向大廳副理彙報。大廳副理該如何處理此事呢？

評析

1.在第一時間為那位散客換到另外一間OK房（最好是同一樓層），並與506房客人取得聯繫，問明情況，及時改正電腦房態。同時為此應向客人解釋，是因電腦故障等，並贈送鮮花水果以表歉意，如有可能，還應立即影印致歉信並鄭重地交給客人。

這個方法是切實可行的，給客人一個合理的解釋，同時在第一時間為那位散客調換另外一個房間（最好是同一樓層），並以鮮花、水果致以歉意。通常客人是樂意接受的，這樣做可使其感覺到飯店對他的重視，同時那位團隊客人在聽完合理而有技巧的解釋後，一般也能理解，會欣然接受飯店以贈送鮮花、水果所表示的那份歉意。

2.先向506房客人問明情況，經查明是因櫃台員工工作失誤而使516房電腦顯示房態失實，進而導致賣重客房後，立即為那位散客換房，同時贈送鮮花、水果，並致書信以示歉意。

這個方法不值得提倡，雖然大廳副理可以憑藉其經驗，巧妙地與客人解釋，並送上鮮花、水果，以表慰問和歉意，同時表明飯店方面對賓客的重視，通常也能得到客人的理解並接受，但那位散客卻也有其拒絕接受這份解釋的理由。因為飯店方並未在第一時間為其安排換房，或及時採取其他補救措施。既然造成失誤的原因在飯店方面，後果就不應由客人來承受。尤其是大廳副理在未調查清楚

前，將那位散客擱在一邊，直至等弄明白之後才為其換房。這種做法也是不可取的。

3.在第一時間為那位散客調換另外一間OK房（最好是同一樓層），同時與506室房客取得聯繫，查明事由，並給客人一個合理的解釋，不送水果、鮮花，也不送致歉信。

這個方法亦不是最佳方案，雖然大廳副理在一開始處理得很及時，但在最後一步卻未得圓滿。良好的開端，成功的一半，但最後一步沒做好，也不能畫上一個圓滿的句號，只能是事倍功半。因為不管你是如何給客人一個巧妙而合理的解釋（如電腦故障），但責任終究是在飯店方，尤其是516房團隊客人入住後，突然有陌生人開門而入，勢必使客人對這家飯店的安全性產生疑慮。

或許經大廳副理的解釋客人的不滿會有所緩解，但僅以一個解釋草草了事，會讓客人覺得飯店方面對他們不尊重，對客人的投訴不重視，處理很草率，同時對這家飯店安全性的疑慮仍不能解除，並可能因此而引起再度投訴，如得不到妥善處理，事態甚至還會進一步擴大，導致更高層次的投訴（因為團隊尤其是外賓團，亦可能向其所在國內旅行社反映，使事態進一步升級），以致影響飯店在海內外的聲譽。

思考與啟發

DOUBLE　CHECK-IN（雙重賣房）是客務櫃台服務中較容易出現、性質也比較嚴重的一種工作失誤。它給客人造成的感覺和印象都非常不好。因此，對容易出現這種失誤的幾個櫃台服務操作環節，應嚴密把關、各級檢查，特別要核對房卡、預訂單、電腦房態、實際房態等顯示是否一致，較高等級的飯店應在預訂客人抵達飯店前，檢查為其準備的房間是否已經到位，以確保出租客房的完好性和避免雙重賣房事故所造成的負面影響。

工作要細緻，要有責任感，做到環環緊扣，接班人員對上一班的交接應再度核實、確認，以確保無差錯。

要時刻樹立賓客至上的觀念，在第一時間為客人解決問題。

案例20　價廉物不美

許先生從報紙廣告上看到，R飯店是一家新開業的五星級飯店，目前試營運期間，特別推出大廳吧下午茶58元／位。他想，價格很實惠，又能享受五星級的服務，體驗一下五星級的氛圍，公司裡最近人際關係又比較緊張，正好可藉此機會聯絡一下感情。於是，這天下午，他約了上司王總、同事小余一同來到了R飯店大廳吧。

大廳裡此時正播著美妙的輕音樂，大廳吧的布置也的確非同一般。蔥鬱的盆景與環繞的彩色噴泉使許先生覺得沒來錯地方。迎賓小姐將三位帶到了一個靠窗的位置，從窗外望出去，又是一座造型別緻的假山。王總先說話了：「小許，帶我們來這麼高級的地方，你要破費了。」「這算什麼，大家別客氣，自己點。」這時，大廳吧服務員拿來了酒水單，王總和小余分別點了「碧螺春」和「徑山茶」，許先生自己則點了一級哥倫比亞咖啡。

大約5分鐘後，服務員走過來對王總和小余說：「對不起，先生，你們點的綠茶品種都沒有，請換別的品種吧。」王總皺了皺眉，「那就換『龍頂』吧？」「對不起，這個也沒有。」「那你們有什麼？」「有西湖龍井。」「好吧、好吧，那就還喝龍井吧。到哪兒都是龍井！」王總嘆道。「先生，您換什麼呢？」服務員又問小余。「我來烏龍茶，功夫茶，有嗎？」小余問。「有。」服務員下去了。許先生覺得氣氛有點不對頭了。

過了一會兒，茶和咖啡上來了。王總一杯龍井綠茶、許先生一杯咖啡，另有奶罐和威士忌，而小余卻對著服務員送來的玻璃杯愣住了：這分明是一個西式的玻璃杯。而烏龍茶的茶具和茶藝都有特別的講究，他嘲諷地問許先生：「這是不是五星級飯店特有的烏龍茶？」許先生不知道該說什麼，王總在旁邊似在打圓場：「哎，算了、算了，你沒聽剛才那小姐說，才58元／位，你就不要太講究了，還是將就點吧。」許先生拿過糖罐，想給自己的咖啡加點糖，卻發現糖罐裡除了白糖、黃糖，沒有自己喜歡的紅糖或植物糖。他無奈地搖搖頭，拿起咖啡匙正要攪拌，突然發現咖啡匙上沾滿了細細的絨毛，原來，剛才服務員把咖啡匙放

在了高級羊絨毯餐墊上。這下，許先生的氣可不打一處來了。他放下咖啡，怒氣衝衝地朝不遠處的大廳經理走去……大廳經理該如何處理這個已不可避免的投訴呢？

評析

1.大廳副理應該迎候客人，耐心傾聽，接受投訴，向客人道歉，並啟用減免權贈送額外食品或給予消費減免。同時感謝客人提出的寶貴意見，表示飯店對客人意見的尊重，歡迎他下次光臨，並保證類似的事件不會再發生。

這是一家五星級飯店應有的投訴處理程序。事已至此，重要的是讓客人平息怒氣，儘量縮小事態，減少客人對飯店的不滿意程度。

2.推脫飯店尚處於試營運期間，下午茶價格又很便宜，出現這樣的情況很正常，請客人理解。這樣處理也許聽起來有一定道理，但顧客對一家飯店留下的印像是不會和價格聯繫起來的，更不會接受試營運與正式營業有所區別。一家飯店一旦開始營業，就應該對客人負責，價格可以打折，但服務不能打折，尤其是一家新開業的飯店，正處於樹形象、創品牌的時期，更需要贏得良好的口碑。因此，不能這樣處理投訴。

3.立即想辦法滿足客人尚未滿足的需求，想方設法買到客人剛才所點的品種，使客人挽回面子，同時也表現出五星級服務的水準。

微笑、禮貌不是服務的最終目的，只有有效的服務才能最終使客人滿意。服務首先要從辦事的角度出發，即首先要滿足客人的本來需求。因此，滿足客人尚未滿足的要求不僅能使客人淡化剛才的不快，而且反會讓客人對五星級的服務大加讚歎。最重要的是，滿足了客人選擇這家飯店的初衷，體面地實現了一次感情聯絡。因此，這是本例中處理問題最有效的方法。

思考與啟發

作為一家已開始營業的星級飯店，必須要有相應的產品、設施設備、常規服務項目及與服務項目相匹配的用具和表單，因為客人對不同等級的飯店是有不同等級期望值的。飯店不僅要滿足客人的期望值，更應該做的比客人期望值更好。

在21世紀知識經濟的時代，飯店硬體已不是能否在競爭中取勝的主要因素，像此例中，硬體完美無瑕而軟體跟不上，無疑會給客人留下遺憾。而飯店的投資從某種意義上說也就付之東流了。因此，飯店高層在不惜餘力地投入資金，完善硬體的同時，軟體工程的難度更大，更是一個不可忽視的重要環節。

客人對服務的要求越來越高，這就促使飯店在服務中要更細心、更周到，必須站在客人的立場、從消費者的角度去考慮問題，產品要符合需求。本例中飯店的餐墊使用了一種非常高級的羊絨毯，但刀叉直接放在這個餐墊上就很容易沾上纖維，客人的感覺不好，吃進去就更不好了。這樣的產品就不能滿足消費者的需求。

飯店的文字資料，包括廣告、報價單、菜單等，是飯店對客人的一種服務承諾，嚴格意義上講，是具有法律效應的，若只是表單上有而實際沒有，對客人而言就是一種欺騙，同時也給客人和飯店的服務和管理都帶來不必要的麻煩。商家應「以信為本，以誠待人」，才能樹起金字招牌。

目前許多飯店為了追求經濟效益，往往工程尚未正式竣工、許多配套設施尚未跟上便急於開張營業，暴露出很多不足，而對客人的投訴，卻以試營運為由自我開脫，其結果常常得不償失，在開業之初就損害了自身的形象，不利於長遠發展。因此，飯店在做出是否試營運的決定時，要慎之又慎，最好是待一切準備就緒後再開業。

案例21 長住客人的押金不夠了

P飯店是一家新開業的三星級飯店，地處市郊，但各線交通卻較方便，周邊同類同等級的飯店鱗次櫛比，競爭相當激烈。飯店為了爭取客源，特別允許一些常客、長住客進行信用消費，再加上營銷人員的努力，飯店在開業之初，便生意興旺，尤其是長住客人的入住率明顯高於其他飯店。但幾個月下來，麻煩事就來了……

金先生是一家集體所有制企業的總經理，公司效益不錯，但其本人家在外

地，杭州沒有住房，因此長包飯店客房。金先生原來住在鄰近的一家飯店，因不滿意那裡的服務和陳舊的設施，在本飯店營銷人員的促銷鼓動下，住到了P飯店。P飯店在客人入住時與他簽有一份長住合約（注意：是合約，而不是協議），雙方約定：客人在入住時須繳納一個月的房費押金，並於每月5日前結清上月一切費用，同時允許客人可在飯店各營業點簽單掛帳消費。第一個月過去了，金先生除了住宿，在飯店幾乎沒有什麼消費，並在次月5日付清了上月的房費、長途電話費等；第二個月，金先生開始在飯店餐廳請客吃飯，每次消費都在千元以上。在當月的15日，櫃台收銀發現金先生帳上餘額已出現負數，便打電話催他再付一個月房費的押金到櫃台，金先生表示會馬上付。可是，三天以後，還是不見金先生來付押金。櫃台便通知營銷部的小徐，要求他與其客戶金先生取得聯繫，協助催繳不足押金。小徐見到金先生時，金先生依然爽快地表示近日一定付。又是三天過去了，金先生仍然沒有行動，而請客依舊、娛樂依舊，消費金額直線上升。客務部李經理只好親自來到客戶房間。這次，金先生的態度與前兩次截然不同，他唉聲嘆氣地說：「唉，李經理，我公司最近資金周轉有點麻煩，您看能不能寬限幾天？你們飯店的設施和服務都不錯，帳我一定會付的。」

客務部李經理回到辦公室，拿起櫃台打出的帳單，看著透支的大筆金額，毅然決定採取行動。李經理將如何處理這件麻煩事呢？

評析

1.客務部李經理立即把此事彙報給總經理，請總經理責成營銷部有關人員及財務部負責討債。通常營銷人員及財務部對客人逃帳、賴帳負有直接責任，客務部責成營銷部小徐協助催繳押金無可非議。但這樣做，並沒有最終解決問題，並且不利於各部門之間的協調合作。因此，這個辦法並不理想。

2.利用飯店先進的IC卡系統，封鎖客人房間。這樣做的目的是迫使客人到櫃台繳納押金，但如果客人實在沒錢，又沒有其他辦法，則很可能出現逃之夭夭的情況。結果，受損失的還是飯店自己。因此，這個辦法不能用。

3.扣押客人的身分證。扣押身分證的本來目的，是為了讓客人失去證明身分的有效法律證件，以最終從法律上保障飯店的利益。但這樣做，飯店自身恰恰也

觸犯了法律。除了公安部門，其他任何機構未經公安部門授權都不得扣留身分證。因此，沒有公安部門的協助，這個辦法萬萬不可，況且這樣做仍不能最終解決問題。

4.請客人將身分證及其他貴重物品存放在飯店保險箱內。客人欠款數目較大，且承認帳目並表示願意償還，在其償還之前，請他把身分證及貴重物品存放在飯店保險箱內。此法一般會得到客人的認可。這樣飯店既得到了法律保障和相當的經濟保障，又不涉及違法行為，當是一個權宜之計。

5.扣留客人，要求其親戚朋友為其擔保或付清欠款。首先，扣人同樣是違法行為；其次，若無人替客人付帳或擔保，飯店仍然達不到最終的目的。因此，此法不妥。

6.讓客人立即離開飯店，飯店自己承擔損失。這樣做在客人消費超支不大，而飯店又已認定客人是蓄意賴帳性質的情況下可以採用。但這樣做若透支巨大，明擺著就是放任客人逃帳，飯店自認倒楣，不利於今後催帳的操作，也許正中某些客人的下懷。因此，在此例中這個辦法不可行。

7.在客人付清一切欠款前，保留客房，終止客人在其他任何營業點的簽單消費權。為了減少飯店的損失，避免呆帳的繼續發生，同時又給客人留有餘地，這是一個暫緩的辦法。

8.調查客人公司的資金情況，若與客人所說相符，則給客人一個限定時間，要求其盡快支付欠款及不足押金。過了限定時間，飯店再根據雙方簽訂的合約及客人公司營業執照影本向法院起訴客人。

這個辦法既給了客人一個轉圜的餘地，同時又使飯店得到了法律的最終保護。因此，此法最有利於本案例中問題的解決。

思考與啟發

飯店在爭取客源時，尤其是長住客戶，不但要爭取客人較大的消費金額，更應該對客人的資信情況進行詳細調查，以免出現逃帳、賴帳、呆帳、死帳的情況。各營業部門在客人發生消費時，要隨時查詢其餘額，發現有可能超額的情

況，要及時與客人聯繫，請他去櫃台支付不足押金並適當控制消費。

發現有逃帳跡象或帳面餘額出現負數的情況，要立即彙報給上級長官，以便及時決策，避免更大的損失，不要拖延或遮掩，更不要事不關己，高高掛起。出現類似情況，飯店各相關部門要密切配合，團結合作，共同追帳，不要彼此推卸責任。

飯店在簽訂有關信用消費等書面協議時，要注意從法律上保護自己的利益，要求客戶提供公司證明或工商企業營業執照影本等。

同樣的事例應注意對不同的客人、不同的情況區別對待。如對資信情況較好的客人，一時有麻煩，飯店要急客人所急、想客人所想、幫客人所需，要雪中送炭，把客人短期內給飯店帶來的損失視做一次提供個性化服務的機會。但對待蓄意逃帳的客人，則態度應堅決而果斷，必要時應採取相應措施。

案例22 洋裝洗壞了

趙小姐是北京運通公司的客戶，因工作需要，將去A城出差，北京運通公司便為她在A城一家飯店預訂了一間雙人房。1998年6月20日，趙小姐前往A城出差，住進了這家飯店。當日，她將一些要洗的衣服叫服務員送去洗衣房，待次日她看到自己一件洗好後送回的洋裝顏色不對，仔細一看，整件洋裝的顏色都變了。趙小姐十分惱火，便拿著這件洋裝，找大廳副理投訴，並表示這件洋裝是在一個月前剛從美國買來的，花了她100美元，堅決要求照價賠償。原來趙小姐填寫的洗衣單，未註明是乾洗、濕洗，還是燙洗，亦未簽名。洗衣房的服務員自作主張，將該洋裝濕洗，致使變了顏色。大廳副理該如何處理這個問題呢？

評析

1.向客人致歉，表示飯店會對此負責，同時向客人說明，將根據飯店規定，酌情予以賠償（最高賠償價格為洗衣費的10倍）。

如果陳述比較巧妙，解釋合理，有些客人或許最終是能夠接受的。但上面這位趙小姐口口聲聲稱這件洋裝是從美國買來的，花了她100美元，態度明確，要

求照價賠償。因而其接受按飯店規定酌情賠償的可能性較小，況且她完全有拒絕的理由。雖然其未在洗衣單上註明是乾洗，但根據衣料質地確定洗滌方式屬於基本專業技能要求，服務員自作主張貿然水洗，致使洋裝變色，飯店有不可推卸的責任。

2.按原價折合人民幣現款賠償。這樣即按照客人的意願予以全額賠償，但飯店方若非在與客人協商毫無退路之時，通常是不採用此法的，能有其他更妥善的解決方法，飯店總會試圖採用其他方法的。如方法1中用商量的口氣試圖讓客人接受。在客人堅決不肯接受的情況下，全額賠償或許就是唯一妥善解決的方案了，因為飯店方確實負有不可推卸的責任，只是賠償前應要求對方提供有效購物憑證，以確定被損衣物的真實價值。

3.提出一種變通辦法，讓客人抽空到商店走走，見到滿意的洋裝就買一條，費用由飯店報銷；如果在離開飯店前仍買不到合適的洋裝，飯店可以考慮據購物憑證原價折合人民幣賠償現款。

這樣做可給客人留有一定的餘地，也是一個可取的方案，對於趙小姐目前這種情況，這確實是一個不錯的方法。

4.向客人致歉，給予其房價打折。這個方法不妨一試。因為客人是因公出差，通常其住宿費是可以報銷的。飯店方面可以在其退房時發票上照原房價填寫，而事實上客人只付了其房費打折以後的費用。這樣客人如果覺得划算，或許可以接受這個提議。

5.向客人致歉，並贈送飯店會員優惠卡（不含免費房）以示歉意，並希望其今後能再度光顧，同時從即日起房費及各區域消費即可享受會員的優惠待遇。

如果該客人能經常出差來本地，此次也還想再多住幾天的話，通常會樂於接受這種處理方式。

思考與啟發

客衣洗滌要嚴格按客人填寫的洗衣單執行，若客人填寫不明，則應主動與其確認；同時飯店服務應比客人的期望值做得更好。因為相對而言，飯店洗衣房有

專業能力較強、經驗較豐富的工作人員，他們應能根據客衣質地等向客人提出洗滌方式的建議，以確保洗滌質量，防患於未然。

若出現客衣洗壞的情況，一般來講，飯店應承擔一定的責任，但可以採取各種靈活的變通辦法讓客人接受。因為往往簡單的賠償不僅不能讓客人滿意，且飯店支出也比較大。

案例23 傳真未及時收到

某五星級飯店一位經商的客人法蘭克先生，某日下午2：45來到商務中心，告訴早班服務員陳小姐：「過一會兒，在3：15將有一份發給我的緊急傳真，請收到後立即派人送到我的房間或通知我到商務中心來取。」3：15，這份傳真準時發到了商務中心。

3：10時，早班陳小姐與中班小張開始交接班。陳小姐向小張交代了剛收到的一份緊急文件及其影印要求，並告訴小張有一份傳真須立即給客人送去，然後就按時下班了。此時，又有一位商務客人手持一份急用的重要資料要求影印，並向接班的張小姐交代了影印要求；恰巧這時又有一位早上來影印過資料的客人，因對影印質量不滿意又來向小張交代修改要求。忙中出亂，直到3：40小張才通知行李員把傳真給法蘭克先生送去。

法蘭克先生對商務中心延遲25分鐘送達傳真非常氣憤，拒絕接收。他手指傳真文件向大廳副理吳先生投訴說：「由於你們工作人員的延誤送達，致使我損失了一大筆生意。」大廳副理看到發來的傳真內容是：「如果下午3：30未收到法蘭克先生回覆的傳真，就視為法蘭克不同意雙方上次談妥的條件而中止這次交易，另找買主。」法蘭克先生自稱為此損失了3萬美元的利潤，要求飯店商務中心或賠償其損失、或開除責任人。大廳副理吳先生遇到這樣的事情應該怎樣處理？

評析

1.按客人要求，同意全額賠償3萬美元，至少賠償1萬美元。這一方法飯店損

失太大，不能考慮，更何況客人所報的損失或許存有一定灌水成分。

2.經法蘭克先生同意並指點，由飯店管理人員直接發傳真到與法蘭克交易的對方公司，說明法蘭克未及時回覆傳真的責任在飯店，請求對方繼續按雙方原定的協議進行交易。

這一方法可以一試，但成功的希望不是很大。

3.為避免飯店重大經濟損失，按照法蘭克先生的要求，開除商務中心陳小姐、張小姐兩位員工。這一方法過於嚴厲，雖能滿足客人，但沉重地打擊了員工的工作積極性，非到萬不得已，不宜採用。

4.由飯店總經理或副總經理出面向客人道歉，承認飯店的過錯，酌情對客人住宿飯店費用予以部分減免，並送上鮮花、水果及其他一些禮品，同時耐心解釋：兩位員工雖然責任很大，但不至於開除，請求客人同意給予她們留店查看的處分，要求她們對法蘭克先生承擔部分經濟賠償（如半年的工資），同時當面向法蘭克先生道歉請求原諒。

這一方法勉強可行，如果客人不是太不通情達理，應該能夠接受。當然如果還能想出其他可能讓客人滿意的方法，也不妨一試。

思考與啟發

要加強員工培訓，使員工有熟練的技能技巧，以提高工作效率，做到忙而不亂，有條不紊，在工作忙時，也能根據輕重緩急分清主次，杜絕失誤和遺漏。

交接班時極易發生差錯，應特別小心，要嚴格執行操作規範，做到LOG Book（工作日誌）和口頭交接雙重並舉，以避免差錯。

如果員工一時忙不過來，可向上級或同事求援，其他員工應顧全大局，鼎力協助。

對各種違紀現象的處理在員工手冊中應有明確、具體的規定，既可約束員工少犯錯誤，也可在出現問題處理員工時做到有章可循。

案例24 車票日期錯了

下午4：00，大廳周副理處理完一件投訴回到大廳，櫃台告知大廳吧有位姓郭的客人一直在等她，説是一定要見大廳副理。周副理立即迎了上去。郭先生非常生氣地説，他前天入住時在商務中心訂了3張今天下午3：26回上海的火車票，昨天飯店把票交給他時，他未查驗，直到今天下午去火車站，才發現飯店所訂車票是昨天下午3：26發車，故要求飯店賠償損失。由於飯店本身並無票務人員，均是委託中旅票務中心代理訂票事宜，如果確定是中旅出的差錯，那麼該損失就應由他們承擔。周副理請郭先生不要著急，先在大廳吧休息片刻，自己會馬上著手調查此事。她找到商務中心前天當班的小鄭。小鄭已記不清究竟給郭先生訂的是哪天的票了。周副理立即要求小鄭將訂票的存根聯找出來，以查明真相。誰知小鄭找了半天卻説存根聯也找不到了。郭先生急於要趕回上海，已沒有時間再查下去。在此情況下，周副理應如何處理呢？

評析

1.與中旅票務中心聯繫，説明此事經過，要求中旅票務中心處理此事。目前旅行社票務中心常常會有求於飯店，雙方合作關係較好時，票務中心也許會承擔此類責任。故此法可行，但可能要耽擱客人一些時間。

2.在無法查清責任的情況下，由商務中心當事人承擔損失，讓她花錢買教訓，避免同類事情再次發生。這樣做嚴懲了員工，但並沒有徹底解決問題。

3.委婉地向客人解釋，訂票委託單已經由客人簽字認可，出現了差錯責任不在飯店，損失應由客人自己承擔。這種方法顯然會招致客人的不滿，甚至激起更進一步的投訴；亦或許客人會自認倒楣、承擔損失，但不再回頭。

4.先設法解決問題，讓客人盡快趕回上海，然後再區分責任妥善處理。這是最妥當的處理方法。

思考與啟發

飯店服務員在受理客人訂票委託時，最好應請客人自己填寫票務委託單並簽

字認可。如果客人要求服務員代填訂票委託單，服務員應根據客人的陳述仔細填寫，然後向客人複述要點，請客人核實後簽字認可。

當店外票務代辦機構送票時，飯店應核對所收的票面日期、車次、時間、金額等是否與訂票委託單一致，準確無誤後，應登記簽收，以明確訂票、收票的時間和出現差錯的責任，避免合作中的糾紛，杜絕因票務問題而影響客人行程的現象。

當客人取票時，服務員應提醒客人仔細核對確認，同時自己也要經再次核對後再在票務登記簿上登記。

飯店服務人員應做好各項委託表單的登記、存檔工作，一旦出現差錯應對責任人有所懲罰並採取措施改善管理，以避免同類事件的再次發生。

出現問題後應盡快解決問題，全力消除客人的不滿。

案例25 匯款單少付了一天房費

早7：00左右，值班的李經理接到櫃台收銀員小王打來的電話，請他立即到櫃台處理一個團隊的結帳問題。李經理立即來到大廳，只見大廳裡站滿了客人，而該團的導遊、領隊正在和櫃台服務員辯論著什麼。他趕緊過去，先請領隊將客人送到停在大門口的旅遊車上，然後向導遊和客務收銀員了解情況。原來事情是這樣的……

SHSAZJ-990817團是C飯店與假日旅行社合作的一個系列團之一，原定在C飯店住兩晚，付款方式為離開飯店時現付。在該團到達的前一天，C飯店財務部收到假日旅行社的一張匯票，註明是 SHSAZJ-990817 團的房費，但金額只夠一天的住房。財務部隨即在電腦上做了已收到該團匯票的記錄，並在「DETAIL（詳細情況）」欄內註明了只收到一天房費的情況。客務收銀員只看到有收到匯票的顯示，而沒有打開「DETAIL」欄，便以為該團的付款方式由「現付」轉為「預付」了，因此，只在團體訂房單上做了修改，並未深究預付款的金額只夠一天，進而與旅行社確認另一天費用的付款方式。

直至早上該團離開飯店結帳時，櫃台收銀才發現旅行社只預付了一天的房費。因此，收銀員要求導遊現付另一天的房費，而導遊則堅持兩天房費都是旅行社由匯票預付的，同時責怪飯店事先沒有看清楚預付款金額。現在，客人都等在車上，當天的行程都是安排好的，時間很緊張，希望飯店早點放行。收銀員因該團訂房單上註明的付款方式為現付，後改為預付而少收了一天的房費；又因當日是星期天，無法與旅行社確認，故不敢擅自放行，只好上報值班經理。請問值班經理該如何處理這件事呢？

評析

1.既然旅行團時間緊張，不能拖延，飯店可藉此機會堅決要求該團領隊現付房費後再予放行。

如此利用旅行團的時間緊張，強行要求團隊在離開飯店前付清房費，飯店自然收足了錢，去除了後顧之憂，但在客人現金緊張的情況下，肯定會引起導遊、領隊及客人的不滿。今後也就失去了與該旅行社繼續合作的可能性。因此，這個辦法不妥。

2.請領隊、導遊馬上與旅行社聯繫，確認匯票金額，同時請旅行社立即發傳真過來保證付清餘款後再予放行。

這樣處理看似謹慎，飯店相對來講更有保障，但前提是導遊必須聯繫上旅行社，同時還要有旅行社財務部的配合，否則又將出現雙方僵持的局面。這樣處理也會在時間上引起客人的投訴及導遊、領隊的不滿，不利於今後的合作。因此，這個辦法也不好。

3.同意給客人放行，但要求該團領隊、導遊在團隊房費帳單上簽字承認消費，並請他們協助飯店結清餘款。

任何時候，「客人是上帝」的原則不能變，因此，要立即給客人放行，首先保障旅行社與飯店共同客人的利益。而飯店與旅行社之間，既然是長期合作的關係單位，那麼，此時此刻便不應為難旅行社的導遊及領隊，而應與之搞好關係，並爭取他們的協助。相信在導遊、領隊簽字認可消費及主動協助的情況下，餘款

是可以收回的。因此，這個辦法可行。

4.請導遊、領隊在帳單上簽字後，立即給客人放行，將此團所欠餘款計入系列團下一個團的團款，並在次日與旅行社取得聯繫予以確認。

基於飯店與旅行社具有良好的長遠合作關係，此次合作的又是系列團，這樣處理既有利於雙方友好合作的維持和發展，又便於雙方操作。因此，這是在實際運作中常用的一種辦法。

5.請領隊、導遊在帳單上簽字後給予放行。次日再請雙方財務部核對確認匯票金額及付款方式。

先解決當務之急，再由雙方財務部門根據原始憑證予以溝通、確認，處理起來會相對簡單一些。因此此法不失為是一個良策。

思考與啟發

團隊付款方式是飯店接團時較敏感的問題。有關部門不僅要在「團體訂房單」上註明是「預付」、「現付」、「掛帳」或「其他」方式，而且要註明「預付」途徑，是採用支票、匯票還是現金？預付款項包括哪些費用？「現付」是離開飯店時現付，還是到飯店時現付？是現場付，還是現金付？「掛帳」是遵循編號為幾號的掛帳協議書，還是其他？以及誰簽字有效等等。另外，若是預付方式，飯店財務部要提前與對方財務部核對款到的日期、金額和款項，在預付款收到並確認無誤後通知櫃台，櫃台則據此分發房卡。否則，仍須與旅行社聯繫確認付款方式。

在團體接待過程中，具體事項繁瑣而複雜，各部門應自覺遵守既定的操作規程及標準。如營銷部發送的團體訂房單，是接待服務整體運行的基礎，當其他各部門接到更改訊息後應及時與營銷部聯繫，由營銷部團隊負責人重新發送更改單，而不能擅自更改。這樣統一標準，才便於各部門準確掌握訊息，正確執行、操作。

飯店是一個整體，各部門之間訊息共享，因此訊息傳遞要做到及時、準確、詳細，在時間上不得遺忘或拖延，在內容上不要省略或含糊。在訊息傳遞出去

後，應適時追蹤，確認訊息傳遞是否順暢，對方是否已完全、準確地理解了訊息。接受訊息的部門，也應主動與發送訊息的部門進行溝通、確認，不要主觀臆斷。

在平時的客務部培訓中，要有意識地培養客務部員工分析判斷問題、處理問題的能力，既要按飯店的規章制度辦事，又要能根據實際情況靈活應變。

客務櫃台最好備有一份各合作單位主要部門負責人的通訊錄，以便在緊急時，如節假日、公休日可與之取得聯繫。當然，團體訂房單上也應儘可能地註明該團有關人員（如營銷部聯繫人及旅行社導遊、領隊等人）的聯繫電話。

對與飯店簽訂協議的單位，應備有該單位有權簽單掛帳人員的姓名、職務、電話（或其他通訊方式）號碼及簽名式樣的影本，以備急需。

案例26 客人在沙發上睡著了

某日下午1：00左右，負責公共區域衛生的領班向大廳副理反映，有一位非住宿飯店客人在大廳休息處的沙發上睡覺，大概酒喝多了，叫了幾次，他都顯得很煩躁，不予理睬。遇到此類事情該如何處理？

評析

1.叫醒客人，告訴他飯店有規定，不准在大廳裡睡覺。該方法不可行。因為此前服務員已經叫醒過客人，該客不予理睬。且如果強行叫起，告知飯店規定不允許在大廳沙發上睡覺，客人會覺得很沒面子。如果再與之講大道理無疑會進一步傷及他的面子。況且酒後易衝動，很難預料該客人會做出怎樣的反應。

2.搖醒客人，告知飯店規定不能在大廳沙發上睡覺，如不理睬，則讓保安強行拉起。該方法實是一個下下之策。這樣一來，客人一旦借酒裝瘋，很可能會將事態鬧到難以收拾的地步。同時這種做法也將影響飯店的形象及對外聲譽，造成不良後果。

3.叫醒客人，告訴他大廳的空調溫度較低，睡在這裡容易著涼，是否需要開

個房間休息一下，我們可以幫你在櫃台辦好手續。

這個方法是比較可行的。雖然一開始公共區域的領班曾試圖叫醒他，而他不予理睬，但以這種口氣與客人說話，會使其感受到飯店的關懷，雖然他未必會去櫃台開個房間，但至少也不會繼續睡在沙發上，不然他自己也會覺得很沒面子了。

4.如果該客人在飯店開有客房，應儘量了解客人的房號，同時告訴客人大廳裡比較涼，容易感冒，是否讓我們的行李員送您回房間休息。

該方法是可行的，因為這樣一來，客人會感受到飯店對他的關心，而且不僅知道他住幾號房，還能叫出其姓氏，縱然他仍不願起來，也不好意思再固執下去了。

5.如果該客人是和其他人一起來的，可找到他的同伴，表示大廳空調的溫度較低，這樣容易著涼，希望他們協助勸說客人不要睡在大廳沙發上。

這個方法也是比較可行的，因為客人本人可能因飲酒過量而失態，但與其同行的親友們卻會比較明白，是能夠理解大廳沙發上不允許睡覺的規定的。所以由他們出面勸說，或許比由飯店方出面效果更好，也不會使客人感到失面子。同時，由與之同行的親友們去勸說，或許他會因愛面子而使問題自動得到解決；縱然他仍不願意起來，通常與其同行的人也會把他拉起來或開個房間扶他上去休息。這樣問題也就得到了解決。而如果是飯店方面硬把他拉起來，那情況就不同了。

思考與啟發

客務部員工努力提高自己的語言技巧，對處理好與顧客的關係是非常重要的。要儘量做到顧全客人的面子，同時也要考慮飯店的形象和利益。

案例27 A、B公司合約價不同

某三星級飯店銷售部王小姐，與A公司簽訂了給予其公司人員入住本飯店優

惠價格的合約——雙人標準房200元／間天。同時，也與B公司簽訂了同類合約——雙人標準房250元／間天。由於客戶的不同，銷售部對價格政策是絕對保密的，但事情也湊巧，A和B兩家公司同一天在該飯店召開會議，而A公司的負責人與B公司的負責人又是同學，於是不同的雙人標準房價格在兩位老同學的閒聊中透露了出去。第二天，B公司的負責人理直氣壯地找到了王小姐，提出「為什麼A公司的合約價要比我們低」的問題，使得王小姐很尷尬。王小姐該如何處理此事呢？

評析

1.實話實說，作為飯店銷售部的員工，主要任務就是為飯店做好銷售工作，同時，又是以效益為主，誰都希望自己的產品售出一個好價格。飯店如此，公司也是如此。大家都是在做生意，討價還價很正常，更何況簽訂此類合約都是你情我願的事，不存在欺騙的問題。飯店簽出的合約是不能更改的，如果要改也無法向長官交代，勸說B公司接受這個事實。

此做法雖然王小姐沒有錯，但對飯店的銷售工作卻是無益的。這樣做無疑得罪了一個長期客戶，B公司也許從此不會再入住本飯店，同時也會做負面宣傳，對潛在客戶群產生不良影響。特別是對於一家新開業的飯店，正處在急於推銷自己產品的時候，這樣的後果更是有害而無益的，故此方法不應提倡。

2.接受B公司的要求，按A公司同樣的價格予以更改，並向客戶道歉，婉轉地說明自己做銷售的難處，取得客戶的諒解，或者推說A公司是我們長官的朋友，所以給予了一個特殊的價格，現在也已向長官請示給予B公司同樣的優惠。如果客戶有要求，也可以介紹給本部門的經理，讓經理去定奪。

對客戶而言，此法可能比較容易接受，不會再怪罪王小姐了。然而這樣做，王小姐只給自己一個台階下，卻給飯店造成了損失、給長官製造了麻煩，同時也不利於飯店的形象，使客戶認為該飯店缺乏一個嚴謹的操作規範和管理體制，對員工的素質要求也不高。員工遇到問題不會獨當一面，只會「踢皮球」。由於銷售部是飯店的「門面」和「窗口」，銷售部的經營狀況是整個飯店管理水準的縮影，銷售部的表現直接影響到飯店的聲譽，所以此做法是絕對不可採取的。

3.告知B公司客戶，價格的確有差異，但這並不意味著欺騙，也絕非故意給他們高價格。給A公司這樣的低價是有前提的，因為A公司每年的入住間數和消費水準達到了一定的量，而對B公司卻沒有任何附帶條件，如果B公司也能有A公司同樣的入住量和消費水準，飯店也同樣可以給予B公司和A公司一樣的價格。因為這是飯店的銷售政策，並不能因為個人感情的好壞而給予不同的價格。

這樣做最能取得客戶的諒解，也是可採取及提倡的方法，如此既能給客戶一個好的交代，讓客戶明白這是飯店的規定，也能給飯店創造更高的利潤，帶來更多的客戶，讓客戶們了解飯店，知道飯店有健全的管理體制，更能為飯店樹立良好的形象，帶來更多的消費群。

思考與啟發

飯店的價格政策應做到具體、細緻、科學。

飯店要做好價格的保密工作，儘量不要讓不同客戶知道彼此價格。

哪些個人對不同折扣的優惠價具有審批權，應有明文規定，不能太隨意。對客戶了解飯店價格後可能存在的疑問，事先應準備幾種解釋方法。

案例28 婚禮上的背景樂「梁祝」

世紀之交的1999年，Z城一家五星級的　S飯店在聖誕前夕開業了，高貴的設施、豪華的裝飾，尤其是大廳內最富歐陸風情的旋轉型白色大理石樓梯，吸引了不少準備舉辦「世紀婚禮」的男女青年。沈先生和陸小姐就是其中的一對。他們在一個月前來到飯店參觀，發現　S飯店高聳的歐式尖頂建築、氣派的大廳以及旋轉樓梯最適合拍攝婚禮影片了，再加上飯店免費贈送的溫馨舒適的套房，促使他們毅然決定聖誕節這天在　S飯店舉行婚禮。飯店宴會部與公關部都非常重視這次活動，因為客人的喜慶也會給飯店增加節日的氣氛，故而精心布置了大廳，並做了充分的準備工作。

這一天終於到了。S飯店的聖誕氣氛果然非同一般，笑容可掬的聖誕老人在大門口分發糖果和禮物；飯店門前的柱子上綴滿了聖誕綵球和蝴蝶結；大廳內特

意為婚禮鋪上了厚厚的紅地毯，白雪皚皚的聖誕樹上掛滿了各色的小飾物和綵燈。飯店工作人員都悄然忙碌著。下午5：00左右，新郎新娘出現了。他們從飯店二樓的西餐廳緩步而來，攝影師為他們拍下最光彩動人的時刻。當他們佇立在金碧輝煌的旋轉梯頂端時，無數的彩紙飛旋而下，此情此景簡直是一幅美麗的畫面，全場頓時安靜下來……然而就在這突然安靜下來的瞬間，一曲不合時宜的背景音樂——小提琴協奏曲「梁祝」分外清晰地響徹大廳。人群開始騷動起來、嘀咕起來。新郎新娘也似乎變成了一座永久的雕像凝固在漂亮的紅地毯的那一端。終於，一位臉色陰沉的中年婦女走到大廳經理辦公桌前，看得出她在盡力壓低嗓門：「今天是我女兒結婚！我們要的是喜劇，不是梁祝的悲劇！」聲音雖輕，但其憤怒讓我們年輕的大廳經理感到了分量和壓力。此時，她只知道這場戲剛剛開始，不可能就此終止。為了避免不歡而散，必須要採取行動，而且越快越好……大廳經理此時該怎樣隨機應變，扭轉這個尷尬的局面？

評析

1.立即停止播放背景音樂。通常出現這樣的情況，員工的第一反應往往是立即停止播放。但眼下僅限於此，接下去的沉寂將更加難以應付，也許會陷入更為尷尬的處境。因此，作為一個成熟的飯店工作者，應三思而後行，應該做得更多些。僅僅用此法，顯然是不足的。

2.立即電話通知機房更換喜慶的背景音樂。這裡有一個時間問題，如在瞬間完成，可能客人自己也會立即掩飾過去，但如果中間的更換時間較長，那麼在等待過程中客人將不知所措，事後勢必會有人投訴。因此，此法亦不夠完美。

3.等待梁祝協奏曲儘早結束，再換下一曲。這樣做太被動，萬一「梁祝」結束了，又出來一個「鐵達尼號」呢？因此，絕不可被動應付。

4.立即電話通知二樓西餐廳，請餐廳員工高聲齊呼祝賀詞，撒落更多的彩帶和彩紙，營造更熱烈的氣氛，同時以最快的速度關閉背景樂，通知機房更換喜慶音樂。

來自飯店員工的齊聲祝福和五彩斑斕的彩帶會把氣氛推向一個新的高潮，相信這將帶動參加婚禮的人群隨之歡呼。在一片歡聲笑語中，人們會很快忘掉背景

樂帶來的不快。而大廳經理則利用這個時間迅速行動，更換合適的音樂保證婚禮得以歡樂地繼續下去。這是一個機智的辦法。

5.立即關閉背景樂，由兩位餐廳女孩子向新郎新娘獻花，祝賀他們新婚愉快，同時請鋼琴師開始演奏婚禮進行曲。

終止不祥的音樂，換上一個新的節目，讓一切都好像原本就安排好的一樣。這樣不露痕跡地「移花接木」，能讓客人安然繼續他們的節目，不失為是個良策。

6.關閉背景樂，利用大廳內的燈光設備，立即調節出最亮麗絢爛的色彩，給客人一個額外的驚喜。

從另一個角度給客人另一種感覺，藉此來化解對背景樂的注意力。如飯店有這樣的條件，這個方法不妨一試。

思考與啟發

飯店在策劃一個大型活動時，不僅要考慮到場地布置，更要注重整個氛圍的營造，其中就包括背景樂的選擇、燈光的調配等，應根據活動的性質、客人的要求採用特定的音樂及燈光。值得一提的是，特別要注意婚、喪、生、死、凶、吉等的忌諱。

飯店公共場所的背景音樂已日益被重視，成為烘托整個飯店氛圍的一個重要組成部分。這裡簡要介紹一些背景樂播放原則如下：

1.根據時間段，如清晨播放一些節奏明快的晨曲，給客人以清新的感覺；晚間播放一些舒緩的小夜曲、催眠曲等；

2.根據場所，如在大廳播放一些悠揚的輕音樂；在健身中心播放一些節奏強烈的樂曲；在印度餐廳播放印度歌曲，在義大利餐廳播放義大利經典樂曲；

3.根據特殊節日或場景，如在聖誕節播放一些聖誕歌曲，在中國的春節、元宵節播放一些傳統民樂；在婚禮上播放一些喜慶的曲子，在悼念逝者時播放哀樂；

4.根據客人的要求和喜好，如在日本客人入住時，可選擇一些日本民歌播放，增加客人的親切感；在召開某歌星新聞記者會期間，可播放他的唱片等等。

飯店工作要時刻不忘「精細」二字，尤其反映在每一項工作的事前檢查上，同時，飯店應形成員工自查、主管複查、經理抽查三個環節的檢查習慣，以避免投訴的發生。

在舉辦大型活動時，飯店應事先有多種應急準備，如搞清楚臨時停電的緊急照明燈開關在哪兒？有沒有蠟燭可調節氣氛？音響出故障時有無臨時樂隊或擴音設備？室外活動有沒有下雨時的應急措施？裝飾布置的物品是否牢固等等。飯店員工在平時應做個有心人，逐漸積累起豐富的實踐經驗，以免遇到緊急情況時不知所措。

案例29 客人要求開冷氣

11月的杭州城已是秋風瑟瑟，各大飯店早就停止開放冷氣，剛評上三星級的A飯店也不例外。然而，6610房的香港客人鍾先生特別怕熱，幾次打電話到房務中心，要求放冷氣。但房務中心的小姐告訴他，因為現在天已轉冷，故無法提供冷氣，建議他將房間的窗戶打開通風。

鍾先生開了窗，但仍然不解決問題，他根本無法靜下心來工作，於是拎起電話，找到了飯店的大廳副理：「小姐，這麼熱的天，你們為什麼不開空調？我根本就沒辦法工作，如果你們不給我解決這個問題，影響了我的工作，我要你們賠償我的損失。」試問，在這種情況下，大廳副理應該如何解決好鍾先生這個特殊問題呢？

評析

1.耐心向鍾先生解釋，目前正處在兩季交替階段，天氣較寒冷，各大飯店均不提供冷氣，希望鍾先生諒解。如此解釋可打消客人想換飯店的念頭。

2.建議客人開窗、開門，對流通風，並送些冰塊以降低室溫，雖然此舉可能成效甚微，但會使客人感到飯店重視他，並在盡力為他解決問題。一般情況下客

人均能接受，不再追究，不妨一試。

3.滿足客人的要求，為他一個人開放中央空調，放冷氣，該客人當然會很滿意，甚至會為飯店作宣傳，介紹其他客人入住。但是，從飯店管理的角度分析，此法不值得提倡。因為為一個客人開放冷氣，飯店花費的成本實在太大，且可能會因此而引發其他住宿飯店客人的不滿意。

4.為客人想辦法，將飯店內部的電扇借給客人使用，一台不夠，可以多放一台，直至達到最佳的降溫效果。

如此既解決了客人的問題，也避免了大量成本的浪費，值得提倡。

思考與啟發

每個客人來自不同的地域，地域的差異使得每個人對溫度的變化有不同的適應力，如果房間裡的空調可以冷暖自由調節，一定會非常受歡迎，一方面為客人提供方便，另一方面可以減少許多投訴，而事實上，歐美國家許多飯店已在這樣做。

飯店在兩季交替階段，應預先估計到可能出現的問題，提前做好充分的準備，採取應急措施，天熱的時候，可準備電扇等，天冷的時候則要多備被子和毛毯、電暖器。

無論在何種情況下，只要不對客人的要求置若罔聞，儘量為他想辦法解決問題，一般均能贏得客人的諒解，客人一般均能接受。最怕的是對客人的要求不屑一顧，死板地強調制度、規定，從而使客人的不滿情緒刺激化，最終導致投訴。

提倡個性化服務，滿足不同客人的不同需求，是飯店追求的目標。

案例30 同室的同事要求開房門

晚8：00，某三星級飯店客務接待處前，有一位客人正在和服務員周小姐交涉，要求她打開6518房的門，原因是他的鑰匙被同房先入住的另一位同事拿走了，而他的同事一時又回不來，現在他有急事必須馬上進房。可是，周小姐查了

登記，6518房並沒有此客人的記錄。據該客人解釋，由於他晚到了所以沒有登記，而只是登記了他的同事一個人。根據飯店有關規定，為了保障客人的財物安全，已入住客人不在房間情況下，是不能隨便給外人開門的。何況此客人又沒有入住登記，並不能證明是該房的住客。然而他現在有急事要求必須開門，並強調如果耽誤了要事，一切責任要周小姐負責。周小姐此時該怎麼做呢？

評析

1.相信客人。如果真的因為沒給他開門而導致耽誤了要事，周小姐可承擔不了這個責任。所以同意給客人開門，但此前應讓客人說出同房客人的姓名及有關資料。

這樣做比較草率，是對客人的不負責行為，如果此人是小偷或是有不良企圖的人，並且早就對該房客人有了預謀和了解，趁他外出之時作案，那麼，這樣的損失是無法估計的，飯店和周小姐也必須負全部責任，尤其會直接影響到飯店的聲譽，所以此做法是絕對不能提倡的。

2.告訴客人如果給他開門的後果，解釋不能開門並不是不相信他，而是飯店以前也有過這種情況，結果造成了客人的財產損失，如果遇此情況就滿足客人的要求，後果將不堪設想。所以飯店規定，客人入住時都必須登記，就是為了防止這種事情的發生。這樣做是對客人負責，請求客人的諒解和協助，並告知客人我們會留意你的同事，如果他回來，我們馬上通知您。

這樣的處理方法可與下述方法3視情而定，合併使用。

3.讓客人出示他的身分證等有效證件並影印，並讓客人詳細說明進房的目的，為什麼事或拿什麼東西（最好客人同意將他的證件寄存在櫃台），由客務部一名管理人員和房務中心一名服務員（如可能再多幾個人更好）共同陪客人進房辦事，待辦完事一起出房，看客人進房做的事和事前說明的目的是否一致，然後待他的同事回來後再與此客人一起解釋發生的事情。前提是客人實在是很急的情況下如此處理。

4.如果有另一名房客的手機號碼，可以直接與客人聯繫徵得客人同意後打開

房門。

思考與啟發

在櫃台接待處用「入住須知」的形式公告客人入住須辦理入住登記（住幾人登記幾人），否則，一切後果由客人負責。在對客務部員工進行培訓時也應特別強調，客人入住必須辦理登記。

如果發生這種情況，首先必須考慮已入住客人的安全，這是任何一家飯店都必須承擔的首要責任，然後才是在既不影響飯店聲譽又可有效避免事故隱患的前提下，靈活處理問題。

案例31 寵物寄放

巴德先生和巴德太太是來自英國的一對老年夫婦，兩人已近花甲之年，都是十足的「中國迷」。退休以後，這對夫婦就來到了中國，準備訪遍名勝古蹟、遊遍名山大川。在1999年春光明媚的5月，巴德夫婦來到了著名旅遊城市杭州，並選擇了同樣著名的國際連鎖飯店——杭州 H飯店作為他們臨時的「家」。巴德先生透過上一站南京 H連鎖飯店的預訂網絡預訂了在杭州 H飯店的一個套房，他們將於5月8日下午2：00左右到達，預計在 H飯店入住半個月。飯店營銷部總監對巴德夫婦的到來非常重視，親自檢查了為他們準備的房間，並在房內以總經理的名義贈送了一盤水果。

5月8日下午2：20，一輛計程車停在了 H飯店的大門口，行李員立即上前為客人開門，從車上下來一男一女兩位銀髮外賓，行李員根據剛剛從例會上得知的訊息，猜到這兩位外賓很有可能就是從英國來的巴德夫婦。因此，他熱情地招呼客人：「你們好！想必兩位就是來自英國的巴德先生和巴德太太吧，我們已經恭候多時了，歡迎光臨！」巴德太太非常高興行李員猜到了自己的身分，笑瞇瞇地對丈夫說：「你看，中國人就是好客。」此時，行李員已在忙著為客人搬運行李了。巴德夫婦的行裝可真龐大，占滿了整個後車廂。正當他們搬完行李準備關上車門時，巴德太太喊了起來：「哦，等等，還有我的『小雪球』呢，它還沒睡醒

嗎？」説著，轉身又從車內抱出了一條渾身雪白的小狗。行李員一看這情景就犯愁了，心想：這下可麻煩了，按飯店的規章制度，寵物是不允許入內的。可眼前這位巴德太太撫摩小狗的喜愛之情，又讓他感到很為難，於是只好與大廳經理商量。最後決定由大廳經理出面婉言告知客人寵物不得入內的規定，但考慮到巴德夫婦來自外國的特殊情況，特別允許他們將小狗暫時寄存在行李房。巴德太太得知這個消息，認同地點點頭，因為她在南京已遇到過類似的麻煩，最後放在一個朋友的家中，但在杭州，她沒有任何朋友，一路上，她也正在為這事擔心呢。現在飯店為她解決了這個後顧之憂，她非常感激地握了握大廳經理的手，高興地把小狗抱給行李員，自己則和巴德先生一起來到櫃台登記入住。

沒想到，第二天麻煩就來了：小狗因不適應行李房的環境，不斷地掙扎，結果把自己繞進綁在脖子上的狗鏈裡去了，一條腿被鐵鏈磨出了血。行李員發現這個情況，立即彙報給了大廳經理。大廳經理提起電話，準備打電話告知巴德太太，但又一想，巴德太太聽到這個消息後會有什麼反應呢……此事還得三思而後行。大廳經理會採取怎樣的妥善措施呢？

評析

1.還是打電話把情況如實告訴巴德太太，讓她自己來處理這件事。按規定本不允許客人將寵物帶入飯店，考慮到巴德夫婦來自國外的特殊情況，才予以寄存。現在出了意外，巴德太太本該有所準備，讓她自己來處理也無可非議。但這樣做飯店的優質服務就顯得有始無終，在客人到達前所做的精心準備和努力也將付之東流。因此，這樣做不夠妥當。

2.設法隱瞞小狗受傷的情況，請來獸醫為小狗療傷，待傷好後再讓巴德太太見到小狗。顧及到巴德太太對小狗的憐愛之情，怕她承受不了心痛的打擊。隱瞞實情，本是一個「善意的謊言」，但要阻止巴德太太不見小狗有一定的困難，更何況，萬一小狗在療傷過程中出現意外或客人事後看出破綻，都將使飯店處於十分被動的地步。因此，採用這個可能「好心辦壞事」的辦法亦非上策。

3.請獸醫來為小狗處理傷勢，待包紮好後，再通知巴德太太。避免讓巴德太太看到愛犬血淋淋的場面，可能會減小她難過的程度，並且還能讓巴德太太感受

到飯店的超前服務，因此這是一個較好的辦法。

4.立即通知巴德太太小狗受傷的消息，向她表示歉意，並表示飯店願意協助她給小狗治療並照顧小狗。巴德太太有權知道小狗的全部真實狀況，飯店也有義務如實向客人報告有關其愛犬的任何消息，因此，應當立即通知客人。事已至此，關鍵是設法做好善後、彌補失誤，這樣往往能使客人反怒為喜，並且能感受到飯店為他所做的超乎預期服務。因此，這樣處理較為妥當。

5.通知巴德太太小狗受傷的消息，並以小狗的吵鬧影響了大廳環境為由，請她設法另行安置小狗。在狗的主人尚未從愛犬受傷的傷痛中解脱出來之時，飯店又拒絕收留小狗，對在杭州沒有親戚朋友的巴德太太而言，顯然會難上加難。這不僅違背了「想客人所想、急客人所急、幫客人所需」的飯店服務宗旨，甚至可能會由此而改變巴德夫婦對中國的看法。故飯店服務中必須特別注重「雪中送炭」，上述處理方法是不可取的。

6.建議巴德太太將小狗送獸醫院療養。若飯店所在地有較正規的獸醫院，客人又願意，此法可以一試。這樣對飯店而言比較有利，客人也會更加安心。

思考與啟發

隨著生活水準的提高，人們對各種生活情趣的追求也日益廣泛，收養寵物就是其中的一種。現在不僅外賓會隨身攜帶寵物，內賓中喜愛寵物的人也越來越多，飯店勢必會遇到類似本案例的麻煩事。在飯店業發展的新階段，在我們崇尚CS（顧客滿意）理論的今天，客人的任何要求，只要不違法，飯店都應該予以滿足，很多舊的規章制度也應該根據時代的發展而有所更新，不可一味地墨守成規。寵物往往被主人視若子女或朋友，飯店既然是賓客的「家外之家」，就不該冷冰冰地將客人的寵物拒之門外，而應站在客人的立場，從客人的角度去理解主人的寵愛之情。可以專門針對這種社會現象增設一些特別服務項目，如建設寵物樂園、出售寵物食品，開設寵物託管服務等，根據各飯店的等級可以收費或無償提供。這樣做，既解決了賓客的後顧之憂，又以特色產品滿足了客人的特殊需求，從而將吸引更多的消費者，有百利而無害。

切記，如果客人的寄存物品發生損壞或遺失，應在第一時間告訴客人，不能

隱瞞或拖延，否則後果將更嚴重。

客人有困難時，飯店員工不可視而不見，知難而退，必須樹立高度的服務意識，把客人的困難視做能提供超乎預期服務的機會，主動策劃服務，突出本店特色，對飯店及服務員來講，正是「危難之處顯身手」。

案例32 要求客人賠償雨傘

徐先生是美國一家銀行的總經理，第一次來到杭州，是專程來考察華東旅遊線路的。徐先生一家三口入住了杭州城某飯店的 631 房間。這天，徐先生準備帶家人出去觀賞西湖美景，但剛走到大廳門口，就看到外面陰雨綿綿，但聽說杭州的雨景也很美，於是就向行李櫃台借了兩把雨傘，帶著一家人外出觀賞西湖的雨景去了。

兩個小時之後，徐先生一家回到了飯店，行李房領班小何撐開雨傘一一進行檢查，發現其中一把有損壞，於是要求徐先生賠償，但是徐先生卻說：「這把傘交給我們時就是壞的，後來我們三人就共撐了一把傘。」此時小何應該如何處理？

評析

1.堅持飯店的制度，繼續向客人索賠，並向客人說明由於他未在借出時檢查雨傘，故現在歸還的這把破傘只能由徐先生賠償，希望徐先生諒解。

此方法不可取。這樣做會造成客人的強烈不滿，畢竟這不是一個很充分的理由，如果這把傘的確不是客人弄壞的，那麼這樣的處理方法會直接影響飯店的聲譽。

2.反正一把傘的成本也不高，既然客人不願賠就算了，省得客人大吵大鬧的。雖然這只是件小事，但小事積累多了就變成大事，久而久之，對飯店的成本控制是不利的。故這種息事寧人的做法也不可取。

3.碰到講道理的客人，讓他賠償一點修理費，由飯店負責修理，客人或許願

意接受。若客人不願賠償，或強調傘借出時確實是壞的，也可免去賠償，但需向客人說明，這次就算了，但下不為例。

此方法合情合理，既堅持了飯店的原則，又能讓客人心悅誠服。

思考與啟發

飯店在出租雨傘時，應由服務員先檢查一遍，再提醒客人當面檢查一下，以確保雨傘在借出時是完好的，並請客人在雨傘出租聯上簽字，一旦客人簽了字，就意味著他確認了此雨傘的完好程度。這樣可以避免客人被雨淋和因損壞索賠引起糾紛。

飯店在處理小物品的索賠事件時，若不能馬上查清，應本著相信客人的原則解決問題。

案例33 客人要求開通長途電話

住在516房間的客人打電話到總機，要求開通他房間的長途電話。話務員與前台收銀員聯繫後，發現此房因押金不足不能開通長途電話，如需開通必須再交押金。但客人認為入住時已交過押金，故對要求其再交押金不滿。話務員向客人解釋，入住時所交的押金只夠一天的房費，不含開長途的費用。客人表示先給他開通一下，等會他再去前台補交，但按飯店規定必須先交費才能開通，話務員感到很為難。此時話務員應該如何處理？

評析

1.耐心向客人解釋，因以前曾發生過客人打完長途電話逃帳的事件，飯店為保護自身利益而採取措施，制定了相關規定，而且其他飯店通常也是這樣做的。希望客人理解並配合支持飯店的工作。

然而這樣處理通常會引起客人的不滿，認為飯店對他不信任，從而自尊心受到傷害。所以，如果客人態度比較強硬，便不要堅持，必要時，可請示有關長官。

2.在解釋無效的前提下，同意客人的要求，暫為他開通長途電話，相信客人會在適當的時候來補足押金。

如此處理客人都不會有意見，但卻使飯店陷於被動局面。客務收銀員必須始終等著客人來交押金，等候的時間一旦較長，收銀員就會擔驚受怕，唯恐客人不來；多次催繳又顯得不夠禮貌；遇到不講信用的客人，甚至會造成逃帳的現象。故原則上此法不可取。

3.請示大廳副理，了解此客人的信用程度，如果此客人是常客，或是公司協議客人，信用較好，可考慮先給客人開通長途電話，稍後再補付押金甚至是待結帳時再一起結算，可視此人信用程度而定。

在上述前提下，此方法較為可行。

4.如果客人嫌麻煩不願下來交押金，可婉言告知我們可以派人到房間去收取。如此，客人一般均能接受，有時礙於面子也不得不接受。這種即時收取押金的做法使飯店處於主動地位，對飯店而言是最保險的。

思考與啟發

在客人入住時，應收取足夠的押金，以保證一定數額的長途電話費和其他雜費，避免事後再發生使飯店處於被動的類似事件。

當發生類似事件時，服務員不應一味強調「這是飯店的規定」，否則只會引起客人的不滿。因為制度是死的，人是活的，遇事應該靈活處理，必要時可請示有關長官。

案例34 接轉電話引起的誤會

凌晨2：00，一位女士來電話要求接轉456房間。話務員隨即迅速將線路接通。第二天上午，大廳副理接到456房間孫小姐的投訴電話，說昨晚來電並不是找她的，因此其正常休息受到了干擾，希望飯店對此做出解釋。大廳副理經過調查了解到，凌晨來電實際要找的原來是前一位住456房的客人。而前一位住456

房的客人恰恰於昨晚9：00　提前退房離開飯店了。孫小姐於後半夜12：30登記入住，剛洗完澡睡下不久就被電話鈴聲吵醒了，你說能不懊惱嗎？為此，大廳副理親自登門向孫小姐道歉，同時解釋那位女士確實是要接轉456房間，而孫小姐並沒有要求電話號碼保密或房間免打擾，故話務員將電話接入房內影響了她的正常休息。大廳副理代表飯店深表歉意，幸好，孫小姐也是個通情達理的人，接受了大廳副理的致歉。

誰知一波未平，一波又起，原住456房間的劉先生緊接著也打來了投訴電話，説昨晚他太太打電話來找他，由於話務員不分青紅皂白就將電話接入原456房，聽話人又是位小姐，導致其回到家太太就跟他翻臉了，顯然無意中引起了太太的誤會。劉先生說此事破壞了他們正常的夫妻感情，如果沒有一個圓滿的解釋，他一定不會放過那個話務員，而且今後絕不會讓他公司的人再入住此飯店！在如此棘手的情況下，大廳副理應如何妥善處理呢？

評析

1.首先向劉先生深表歉意，由於無意之中影響了他們夫妻間的感情，飯店一定會對此負責，在徵得劉先生同意的前提下，向劉太太解釋事情的來龍去脈，以期解除其中的誤會，求得劉太太的諒解。必要時，可出具證明，證實劉先生在當晚9：00就已離開了飯店。同時感謝劉先生將此事及時告知飯店，引起了飯店的重視，從而幫助了飯店提高服務質量、改進服務規範，使飯店的服務日趨完善。此法為上上策，值得提倡。

2.向劉先生解釋，來電女士當時確實是很肯定地要求接轉456房間，而那房間也未要求免干擾，故將電話接入456房間無可厚非。然而，事情偏偏那麼湊巧，房間裡住進去的又是位小姐，從而引起了劉太太的誤解。對此，飯店深表遺憾並道歉，請劉先生代為將事情的來龍去脈向劉太太解釋清楚，並轉達飯店對他們的歉意。夫妻倆的事情還是由他們自己去解決比較好。

此方法不妨一試，但是強調飯店沒有錯卻欠妥。假如當時話務員詢問了劉太太找456房哪位，並透過電腦查詢確認過的話，就不會造成目前的結局。

思考與啟發

飯店應要求每位員工都要嚴格按照規範要求進行操作。有時候，忽略了一個細節，看似沒什麼問題，或暫時未出問題，但最終將導致意想不到的嚴重後果。

此案例前後引起了兩位客人的投訴，即是個深刻的教訓。飯店應重視每一起投訴案例，經常組織員工進行案例分析、培訓，總結經驗、吸取教訓，避免今後再發生類似事件，將壞事變好事，防患於未然才是根本。

深夜和凌晨，通常客人都已休息，接轉電話時要特別慎重。

案例35 客人突然暈厥

某三星級飯店的大廳吧裡一片混亂。大廳副理張小姐上前一看，原來是615房間的一位美籍華人王先生突然暈厥在大廳吧內。張副理趕緊打電話給醫務室，要求派人進行緊急處理。兩分鐘後，醫務室人員趕到現場。王先生的家人焦急萬分，無奈地把求助的目光投向了張副理。此時張副理該如何處理這一突發事件呢？

評析

1.趕緊將客人送至醫務室，讓醫務室的醫生做緊急處置，在醫務室處置無效時送醫院治療。這樣做可能會延誤了客人的病情，因為飯店的醫生只能做一些簡單的治療，在醫學方面並不是很精通，反之，如果此醫生水準很高，那麼飯店的醫療設備也不能像醫院那樣齊全，況且，如果因此而誤了客人的病情，飯店將負全部的責任，此方法只能適用於簡單的病情，並有十分的把握治療，否則不可取。

2.讓客人自己想辦法解決，並竭力說明這與飯店無關，強調如果飯店出面解決此問題，後果與責任我們承擔不起。此方法雖然為飯店推脫了責任，但也是與飯店「賓客至上」的一貫宗旨截然相反的。張副理在語言上是推脫了責任，但如果真的造成了不良後果，飯店的責任也在所難逃。試想一下，客人遠離家鄉，來到此地，把飯店當成自己的「家」，但如果飯店連這一點都做不好，還怎麼談得上「家」？另外，飯店本來就是一個為客人服務的場所，客人在飯店發生的任何

事情，飯店都有義務去幫助解決。所以此方法於情於理都是不對的，按此法處理問題的員工，也稱不上是飯店的合格員工。

3.大廳副理應立即打電話給119，請求緊急救護、送至醫院治療，但在119還沒有到達飯店之前，一方面由飯店醫務室抓緊時間做緊急處理，防止延誤時間；另一方面安慰患者親屬，防止因慌亂而帶來不必要的麻煩，等119救護車到達飯店後，由一名行李員和醫務人員隨同一起前往醫院，協助其家屬一起辦理各種醫院手續和照料病人。因為客人畢竟不是本地人，在處理突發事件方面可能缺乏經驗，同時這樣做可讓客人感受到飯店的溫情。必要時，飯店長官也應前去看望。總之，應做好一切善後工作。

此方法最為恰當，不但讓客人感到飯店的關心，同時也提高了飯店在海內外的知名度，為飯店以後的聲譽帶來了極大的潛在好處，值得提倡。

思考與啟發

飯店在招聘醫務室人員時，應儘量選擇醫術較好的，要具備在緊急情況下協助飯店處置突發病號的能力。現在一些飯店的醫務人員只懂得一點簡單的藥務常識是不夠的，包括給員工看病，一點小病就轉到醫院，大大提高了飯店的成本。

在發生緊急情況時，飯店員工必須鎮靜而不慌亂，思維要敏捷，既不能給飯店帶來不良後果，又要處處為客人著想。飯店應經常透過案例分析的培訓學習，提高員工在這方面的業務素質和能力。

案例36 電話轉接的技巧

某公司的毛先生是杭州某三星級飯店的一位商務客人。他每次到杭州，肯定入住這家三星級飯店，並且每次入住都會提出一些意見和建議，可以說，毛先生是一位既忠實、友好又苛刻、挑剔的客人。

某日晨8：00時，再次入住的毛先生打電話到總機，詢問同公司的王總住在幾號房。總機李小姐接到電話後，請毛先生「稍等」。很快，李小姐在電腦上查到王總住在901房間。因王總並未提出電話免干擾服務的要求，李小姐便對毛先

生説：「我幫您轉過去。」説完她就把電話轉到了901房間。此時901房間的王先生因昨晚旅途勞累還在休息，接到電話就抱怨下屬毛先生這麼早就吵醒他，並為此很生氣。總機李小姐的做法是否妥當？

評析

1.李小姐應該考慮到，通話時間在早上8：00是否會影響客人休息？

2.王總是否要求對房間做免干擾服務，如果有，照辦，如果沒有，也應考慮8：00接入電話會影響到客人休息。

3.應迅速分析客人詢問房間號碼的動機，此時毛先生的本意也許並不是要立即與王總通話，而只想知道王總的房間號碼，便於事後聯絡。在不能確定客人動機的前提下，可以先回答客人的問話，確定來話者身分，同時徵詢客人意見：「王總住在901房，請問先生需要我馬上幫您轉過去嗎？」必要時還可委婉地提醒客人，現在時間尚早，如要通話，是否一個小時之後再打為好？這樣做，既滿足了客人的需求，又讓客人感受到了服務的主動性、超前性、周到性。

思考與啟發

服務員僅有超前服務意識也不一定能讓客人滿意。現代飯店管理崇尚CS理論，即 CUSTOMER SATISFACTION（顧客滿意理論），我們的規範化服務、超前服務如果違背了客人的本意，就説明我們的服務還不到家，還不能讓客人滿意。

客人對服務的要求越來越高，飯店服務永無止境，全體員工都應該把「賓客至上」的服務宗旨落實到行動上，應站在客人的立場為賓客著想，認真揣摩客人的心理，把服務工作做到位，努力使客人滿意。

案例37 客人腹瀉了

2003年國慶假日期間，浙江溫州某三星級飯店客房全部爆滿。在所有住宿飯店客人中只有一個旅遊團，是與飯店關係非常好的一個旅行社從深圳送來的13人的內賓團，其餘全是散客。由於飯店生意非常好，員工們已經充滿負荷工

作了好幾天，因緊張疲勞過度，服務質量開始下降。10月3日上午10：00，這個13人內賓團的全程導遊找到飯店，說團內一名成員在吃了飯店的自助早餐後腸胃不適，開始腹瀉，要求在飯店醫務室就診。醫務室醫生幫患者配藥、打針後，客人的病情得到了控制，全部醫藥費約50餘元。領隊向大廳副理小徐投訴，要求免去這50多元的醫藥費。大廳副理應如何處理該項投訴呢？

評析

1.小徐應該立即安慰病人，並就此向客人表示遺憾和歉意，但不可輕易承認飯店有錯。

這一步驟是必不可少的，顯示出飯店對客人的關心和讓客人滿意的誠意。

2.此例中客人只是要求免去50多元的醫藥費，這個要求並不苛刻，應立即答應客人的要求，集中精力完成緊張的接待工作，並使原定11：00退房的客人能迅速離開飯店。必要時與全程導遊溝通，因為按計劃完成遊程也是全程導遊希望達到的目標。

3.設法開脫飯店的責任，例如推說客人前一天晚上出去可能吃了海鮮，因此腸胃不適；又如聲稱自助早餐的油條是從店外採購而來；再例如找一兩位其他住宿飯店客人證明食用早餐後未出問題，你們同團的其他客人用過早餐後也沒出問題等等。

此方法不妥，因為開脫飯店的責任會令賓客不滿，引起爭吵，會破壞飯店的形象，影響飯店的工作，把事態擴大；而客人食用飯店從店外採購的食品出了問題，飯店仍然有不可推卸的責任。如果客人提出的要求太高，飯店無法承受，才可以考慮方法3中所列的一些做法。

思考與啟發

飯店工作越緊張，越應注重服務質量。

「大事化小，小事化了」，應該是飯店處理投訴時所力爭的結果；否則，必然會輕視客人的需求，對客人投訴輕描淡寫。

飯店一旦出了問題，解決得越快越有利。如果客人要求不過分，應儘量滿足客人的要求。如果飯店不能按客人的意願辦事，則應有充分理由說明其合理性，同時應有強有力的證據。

案例38 客人的小孩闖禍了

在中國一家五星級飯店裡，一對外國青年夫婦帶著一個五六歲的小男孩，住在飯店53層的一個套房裡。小男孩名叫東尼，非常頑皮，飯店的員工對他都非常熟悉了。白天，東尼的父母去辦公室上班，他就一個人爬上窗台，看到街上的行人、汽車都變得像遊戲機上那麼小，覺得很有趣。飯店為了防止意外，飯店高層的玻璃窗都設計成從上往下拉的開窗形式，而且只能開到1／3的位置，因此，孩子在房間裡是沒有生命危險的。

這天，東尼爬到桌子上，使勁拉下窗戶，然後趴在窗戶上看樓下飯店大門口停著的一輛輛小汽車。其中有一輛鮮紅色的小汽車引起了東尼的興趣，他拿來望遠鏡，看到這是一輛漂亮的賓士車，更好玩的是車窗裡掛了一個「皮卡丘」的毛絨玩具。這下東尼可來勁了，他搬來自己的糖果盒，從53層一顆一顆地往下扔糖果，嘴裡還喊著：「給你吃，『皮卡丘』！」扔了一會，東尼覺得不夠帶勁，他又拿來了自己的玩具手槍，裝上子彈，對著紅色賓士車練起槍法來，直徑約1.5公分左右的子彈從53層飛射而下，東尼覺得今天實在是玩得太刺激、太開心了……

次日清晨，客務部大廳經理小鄭剛上班，準備到飯店外的廣場上去巡邏，迎面就碰上了一位怒氣衝衝的客人。他看到小鄭，立即找到了發泄的對象：「你們飯店的保安是幹什麼的？你去瞧瞧我的車子！」小鄭趕緊跟客人來到停車場，果然看到一輛鮮紅的賓士車上有多處凹陷，又低頭看到車周圍有多粒黑色的小圓珠，很像是玩具槍的子彈。小鄭看看四周，又抬頭望望飯店大樓，目光在53層停住了。她心裡明白了，一定是那個頑皮的東尼幹的。可眼前這位怒氣衝天的客人會原諒這個小男孩的頑皮嗎？會忍受心愛的跑車如此慘遭「襲擊」嗎？試問大廳經理小鄭該如何對客人解釋並採取下一步措施呢？

評析

1.暗示客人，此事可能是住在飯店的一個調皮的小男孩搗蛋引起的，請他原諒孩童的頑皮，並表示飯店願意為此事向他道歉並承擔責任。

從常理講，人們總會比較輕易地原諒孩子，況且此事的確是東尼做的，告訴客人真相，也許會讓客人先消消氣。再者，飯店主動對此事承擔責任，保障了客人的利益。故此法應該能被客人接受。

2.明白告訴客人此事肯定是住在53層××號房間名叫東尼的小男孩幹的，與飯店無關，讓客人找男孩的父母索賠。

大多數飯店在涉及經濟利益時，往往會將責任推得一乾二淨，再加之傳統的「少管閒事」，「大事化小、小事化了」思想的影響，客人之間的糾紛往往會被飯店忽視或迴避，作為一家高星級飯店，這樣做顯然是不夠的。

3.立即向客人道歉，表示此事是因本飯店保安員工作失職造成的。飯店將對此事負全部責任。不管是誰幹的，只要在飯店服務責任範圍內出了意外，飯店都毫無疑問地有義務承擔責任。同時在本案例中，這樣做既保障了車主的利益，也有意識地為另一客戶——東尼一家減少了麻煩。東尼的父母知道此事後，一定會感激飯店並成為該飯店的忠實客戶；車主也將因此感受到飯店的額外服務。因此，此法看似飯店有些不必要的支出，但其實兩全其美，無形中為飯店贏得了長遠效益。

特別值得一提的是，該飯店處理此事的出色程度甚至超乎了我們的想像。該飯店不僅負全責為客人維修汽車，而且在維修期間，免費為客人提供飯店的轎車使用；更令客人感動的是，他們為了顧全客人要面子的心理，專門從另一家飯店借來一輛更高級別的汽車供客人使用，直至客人自己的汽車完好如初。

4.告訴客人飯店保安不知道發生過什麼事，飯店無法查出是誰幹的，此事與飯店無關，請其自己解決。

這樣做不會引起客人間的糾紛，飯店也可以不必出錢，但這樣的態度和服務會讓客人對飯店留下極不負責、極其惡劣的印象。對飯店而言也許會因此而遭受

「100－1＝0」的公關後果，相信任何一家高星級飯店都不會這樣做的。

思考與啟發

飯店應重視住宿飯店客人或房客孩子的安全，例如大廳玻璃門、玻璃牆、台階前，應有醒目的中英文提示及小孩看得懂的圖形標誌，以警示客人特別是孩子避免碰傷。此例中飯店如果能夠建議東尼的父母接受飯店的托嬰服務；如果服務員提前發現小東尼玩射具有一定殺傷力的實心子彈玩具槍，或事先建議小東尼的父母為了孩子自身及他人的安全暫時把玩具槍收藏起來，則可防患於未然，這樣不是更好嗎？

飯店不僅要以各種宣傳形式向客人說明本飯店至善至美的服務，更應以實際行動來向客人證明做的和說的一樣，做的比說的更好。

只要在飯店區域或服務範圍內，飯店就有義務保障客人的人身安全及財產安全，讓客人在飯店住得安心、吃得放心、玩得開心，消除後顧之憂。

對客人之間發生的爭端或糾紛，飯店不可迴避，相反要鼓勵員工做「好事者」，更多地關心客人、幫助客人，同時尋找並捕捉提供個性化服務的機會，為飯店贏得更多的忠誠客源。

飯店在處理客人投訴，涉及到錢的問題時，一定要放遠眼光，考慮到長遠利益。有一個世界著名品牌的飯店管理集團，為了實現該飯店使顧客100%滿意的保證，在處理投訴時，最後一個「法寶」就是啟用全額退款保障。當然這並不是唯一最好的辦法，但該飯店集團無條件保證顧客滿意的管理思想，還是值得我們學習的。各飯店可根據自身情況採取不同措施，但其核心應是萬變不離其宗，遵循飯店發展的最新原則——讓顧客滿意。

案例39 對車隊司機的投訴

柯克先生是Z飯店管理集團總部的營銷總監，應杭州Z飯店總經理的邀請，特意來杭給Z飯店作營銷指導。飯店把柯克先生列為一等VIP客人（VERY IMPORTANT　重要貴賓）。柯克先生偕夫人坐飛機從美國直達杭州城，於下午

3：00準時到達飯店。總經理會見了他，並設晚宴招待了柯克夫婦。當晚，柯克先生參觀了飯店，並與總經理、飯店營銷部經理共同探討了有關Z飯店管理集團的營銷思路。柯克先生對杭城Z飯店的營銷前景充滿了信心，認為飯店的硬體、軟體都非常不錯。次日，柯克先生在飯店的安排下，與夫人一起去遊覽杭州著名的西湖景觀。飯店特別為柯克夫婦準備了高級別克轎車。柯克夫婦將於早上10：00出發，中午1：00回飯店，下午4：00去機場返回美國。

　　眼看著一次重要貴賓的接待就要順利完成了，大廳經理茱蒂非常滿意。誰知，剛過了中午12：00就看見別克車回來了，柯克夫婦面無表情地從車上下來，直奔大廳經理而來。柯克太太的第一句話是：「小姐，你說英語嗎？」茱蒂趕緊用英語答道：「是的，柯克太太，我能講英語，請問，能為您效勞嗎？」柯克先生接著講：「我對今天的安排非常地不滿意。不過，我是自己人，你知道的，我也是Z飯店集團的一員，我不會太介意。但我認為，這樣的事不應該發生在我們Z飯店集團。這樣的服務水準達不到我們Z集團五星級的標準。」茱蒂趕緊請柯克夫婦先到大廳吧喝杯咖啡，然後耐心地聆聽柯克先生的敘述。原來柯克先生是對今天為他開車的飯店車隊司機非常不滿，原因是司機小王在今天出車時未著制服，只穿了一件日常休閒毛衣，更沒有佩帶工作名牌和飯店的口號牌；在整個外出過程中始終板著臉、不講話，也沒有微笑，讓柯克夫婦感覺他一點都不熱情，完全不符合Z飯店的應有形象。柯克先生估計到小王可能不會講英語，但他認為這不是最重要的，重要的是他沒有任何友好的表示。這樣對待客人，對飯店的營銷工作是非常不利的，希望飯店會採取措施改善各環節的服務。

　　茱蒂非常認真地傾聽並記錄了柯克夫婦的話，她覺得這次投訴非同小可，認為飯店也的確應從柯克先生的話中深刻反省一下了，她決定將此事彙報給客務部經理……客務部經理會如何看待這件事又將如何處理這個投訴呢？

　　評析

　　1.客務部經理可以認為司機是飯店編制以外人員，遵不遵守本飯店的規定無關緊要。因此只需向柯克夫婦說明司機的身分即可。

　　就某些客人投訴的問題而言，可能飯店內部存在一些無法解決的內因。但作

為一家高星級飯店，應時刻注意自身的形象，不管是什麼原因引起的投訴，飯店都應該引起高度重視，而不能強調客觀原因，不承認飯店工作的失誤，更不能輕易讓客人遭受損失。故此法不妥。

2.為此事向柯克夫婦表示道歉，送水果進行安慰，並表示將嚴懲該司機。通常飯店長官都會以追究下屬責任作為最終的解決辦法給客人交代，但顯然，在本案例中，因柯克先生的特殊身分，他看重的不是個人的得失，而是整個Z飯店集團的形象。因此，僅這樣處理還遠遠不夠。

3.首先，向柯克先生道歉，可贈送水果或花籃作為安慰；其次，向柯克先生表示，飯店已意識到此種類似情況對飯店形象造成的損失，今後一定引起高度重視；最後，立即採取行動，在下午送柯克夫婦去機場時，派一位英語及服務態度較好的司機，並按規定著制服、佩帶名牌，讓柯克先生在臨走前看到飯店實實在在的車隊服務整體改善。

這樣處理可謂步步到位，但其前提必須是正好飯店尚存有一定為客人提供服務的機會；而在大多數情況下，客人既然對飯店的服務不滿，他就不會再來第二次了，而飯店也就失去了在這個客人身上彌補過失的機會，更或許將永遠失去這個客人。

思考與啟發

飯店的員工，不管是總經理、部門經理，或者是PA（公共衛生組）掃地的大媽、戶外工程人員、花匠、車隊司機等等，每一位都代表著飯店的形象，都應該按規定著裝、佩帶飯店標誌及名牌，有與該飯店等級相應的基本禮節禮貌、語言行為，因為客人往往會從一些小人物、小禮節看出一個飯店的服務水準。故飯店不可忽視每個員工的基本顧客意識和觀念的培訓。

目前中國國內的飯店存在這樣一種現象，員工因為英語程度差，往往看到外賓就逃。這樣很不禮貌，也妨礙了正常的服務。因此，任何一家旅遊飯店都應該對員工進行最基本的英語服務培訓，如教會每一位員工見到外賓不要逃避，而應該微笑相迎。微笑是一種「世界語」。當然，在短時間內要掌握流利的英語，對某些員工（如基礎不好、年齡偏大的員工）來講，可能存在一定困難，但學會一

些簡單的問候或應答技巧，應該還是可行的。如「GOOD MORNING，SIR（早上好，先生）」、「WELCOME TO OUR HOTEL（歡迎光臨）」、「JUST A MOMENT（請稍候）」，不會講英語的員工可以在簡單的應對後將客人指引給英語流利的員工。這樣既沒有冷落客人，又讓客人看到了飯店員工密切配合、團結合作的團隊精神，自然就會對飯店產生好感。

案例40 一張圖像模糊的百元美鈔

下午4：00，某四星級飯店櫃台收銀員小任和瑞典實習生白潔正在進行交接班手續，常住飯店的美國商務客人約翰先生急匆匆地跑了過來，「嗨，白潔、小任，你們好！請幫我換一些人民幣。」約翰說完，遞給白潔一疊美元。小任一看，最少也得兌換上萬元人民幣，此時正是交接班時間，櫃台非常忙碌，再說，剛剛把今天的營業款整理好，準備交往銀行，現在已沒有那麼多現金可兌換了。而且，該飯店外幣兌換的時間正好是到下午 4：00 結束，照常理，也可以讓客人明天再來換，但約翰看起來很著急。正在猶豫，白潔抽出一張美元對小任說，「你看，這張100美元的圖像很模糊，會不會是假幣。」小任接過一看，果然與其他百元美鈔不同，然而櫃台卻未設識別外幣真偽的驗鈔機。這邊，約翰又在叫了：「幫幫忙，白潔，能快點嗎？我的朋友在等我，我們要出去談判。」作為瑞典的實習生，白潔面對這種情況顯然已不知所措。小任想，現在只有自己來決定了……試問櫃台收銀員小任該不該給客人約翰兌換外幣？

評析

1.告訴客人櫃台現在已交帳了，沒有這麼多現金，請約翰先生自己到對面銀行去兌換。因為櫃台較忙，營業款剛剛整理好，兌換這麼多外幣確實有困難，更何況還懷疑有一張假幣。因此，勸客人到對面銀行兌換，對客人來講也是順便，因為他正要出去；對飯店來講，則既減少了麻煩，又保證了外幣兌換的安全性，故對一般飯店而言可以這麼做。但對高星級飯店而言，則既然客人有求於你，就不應拒絕客人的要求，應盡最大努力解決客人問題，所以這麼做尚有欠缺。

2.從營業款中再調出人民幣現金兌換給客人，但拒換那張圖像模糊的百元美鈔，並告知客人，懷疑是假幣。這樣做對飯店而言比較穩妥，況且已經提供了超過兌換時間的非常服務，一般情況下，客人也應該能接受，但或多或少會留下一絲不快，有可能還會引起爭執，因此最好不這麼做。

3.考慮到客人是常客，現在又很急，按客人要求給予兌換；但向客人指出該圖像模糊的100美元有可能是假幣，記下號碼，飯店會到銀行確認，若發現的確是假幣，事後再由客人自行處理。

在客人時間緊張的情況下，急客人所急，滿足客人的要求，同時提出飯店方面的合理要求，相信客人是不會拒絕的。這樣，既幫助了客人，又保障了飯店利益不受損失，是一種較好的處理辦法。

4.請客人稍等，幫助客人到對面銀行去兌換外幣。櫃台收銀處現金不足，在客人時間允許，銀行又在附近的情況下，可以這樣處理，既能解決客人的實際困難，又能避免兌換過程中工作人員懷疑是假幣卻沒有條件識別的麻煩。問題是在本例中，客人時間比較緊張，又是飯店的常客，飯店應予以信任並及時提供方便。因此，這樣做在本案例中並不是最好。

思考與啟發

外幣兌換業務是旅遊飯店一項不可缺少的服務。前台員工應根據外幣識別規則仔細檢查外幣的真偽，在沒有把握的情況下，可請銀行幫忙。有條件的飯店，應備有外幣驗鈔機。

在懷疑有假幣時，首先，要再次進行仔細的核對，同時，也可徵求客人意見，是否請銀行幫助識別，要顧及到客人的面子。

案例41 「蟹粉白玉羹」的歧義

金老先生在某飯店預訂了一間房，同時預訂了5桌壽宴，並把自己擬定的菜單傳真給了飯店。訂房員收到傳真後直接交給了宴會部，客人入住後，當天晚上在中餐廳，慶祝金老先生80華誕的壽宴開始了。金老先生已是四世同堂，兒孫

滿膝。席間，美好的祝福和問候不絕於耳，可謂是高潮迭起，氣氛極為熱烈、祥和。服務員周到、細緻、熱情的服務和真摯的微笑更給本來就興高采烈的賓客們倍添了濃厚的喜慶色彩，一場成功的壽宴即將畫上圓滿的句號。這時，服務員將最後一道菜——一個煲湯輕輕地擺在主桌客人面前，報出了菜名「蟹粉白玉羹」。當金老先生的兒子拿起湯勺舀湯時，他那本來喜氣洋洋的面色頓時變得極為不悅。他指著「蟹粉白玉羹」湯說：「怎麼會有豆腐？豆腐代表著什麼？你們飯店難道連點常識都不懂？」金老先生的兒子馬上向大廳副理小張電話投訴。小張該如何處理這件棘手的事？

評析

1.立即向客人表示對不起，並找出宴會預訂單及金老先生的傳真，核對是否有「蟹粉白玉羹」這道菜，會不會上錯了菜，如有此菜，則向客人說明，飯店是按客人的菜單製作和上菜的。

豆腐做菜在許多地方都像徵著哀悼和紀念已故者，這是作為一個飯店從業人員必須了解的起碼常識，而金老先生80週年大壽的壽宴上，上此類寓意的菜無疑是飯店的一個重大失誤。在客人來預訂時，作為預訂員首先就應意識到客人是壽宴，不宜上任何象徵不吉祥意義的菜餚，而開菜單的廚師和服務員都有一定的責任。雖然「蟹粉白玉羹」名義上很好聽，客人要這個湯也正是圖個名字好聽、吉利，但因預訂員開始就未把原材料向客人說明，導致客人以為自己受到了侮辱和朦騙。此後再讓客人看原始單據並強調該湯是客人自己所預訂，恐怕都無益於事情的解決。

2.立即向客人致歉並撤下「蟹粉白玉羹」，根據客人意見改上其他的湯。此方法無疑是等於承認了上含有豆腐的湯是飯店的過失，飯店應承擔一切後果，從而導致客人可能會提出更高的要求，如打折甚至無理的要求，使飯店處於很被動的局面。現在掌握客人的心理狀態和期望值最重要，金老先生希望能夠有一個彌補此事的妥善方法，以挽回其在其他客人面前的面子，打折對他來說應該不是根本的目的。

3.立即向客人致歉，表示雖然客人在預訂時就訂了「蟹粉白玉羹」，但由於

沒有主動向客人說明羹的原料，飯店有責任。為此飯店將為客人改上最具特色的羹湯「金玉滿堂」，並將此羹是由金黃色的玉米和碧綠晶瑩的綠豆做成，象徵著富貴吉祥的寓意等詳盡地介紹給客人，並在客人提出疑問後用最快的速度將隨後四桌的「蟹粉白玉羹」在上桌之前立即退回廚房，換上「金玉滿堂羹」。

如客人未訂蛋糕，則可設法製作並奉送生日蛋糕、康乃馨花，給客人一份驚喜。最後，鑑於這些客人既然特別在乎某種寓意，可贈送同樣具有吉祥意義的禮物如「壽比南山、福如東海」的水果盤等。總之應盡一切努力設法消除客人心中的不悅和陰影。

方法3是解決此類問題較合理的方式之一。這樣做雖然飯店因額外贈送蛋糕、鮮花、水果和換羹湯而增加了成本，但與打折或客人拒付相比，則要好得多，最主要的是贏得了客人心理上的滿足感。

思考與啟發

預訂員在訂餐時應詳細了解客人的預訂要求，注意不同宴會的菜單推薦，熟悉菜名的特色、原料、製作方法和寓意。

廚房要嚴格把好配菜關，具體情況具體分析。

服務員要學會靈活處理突發情況。

「客人永遠是對的」要牢記心中。

涉及餐飲方面的投訴，飯店相關管理人員應立即趕到現場處理。

案例42 客人撞了旋轉門之後

某天下午，某三星級飯店一位女客急匆匆地從客梯出來，直奔大廳口的玻璃旋轉門，她一邊走，一邊還在整理自己的背包。感應旋轉門緩緩移動，突然，「砰」地一聲，那位客人撞到了厚厚的玻璃上。大廳經理小陳趕緊三步併成兩步上前查看情況。女客人怒氣沖沖地說撞疼了頭，絲襪也被勾破了，要求小陳給她一個說法。此時小陳應該如何處理？

評析

1.走上前去，問候客人是否受傷了；就此意外向客人表示道歉，主動提出如果客人需要，可陪她去飯店醫務室或飯店外醫院就診。

這一方法表現了飯店對客人的關心，如果需要就診，客人會欣然同意，通常也會接受飯店的道歉。

2.承認飯店有責任，主動提出給客人一定的賠償。一雙襪子價值很小，只要飯店有關心和道歉，客人通常會謝絕。

思考與啟發

有時客人投訴只是希望飯店進一步改進設施和服務，飯店對此應有充分的了解，以良好的態度去接受客人善良的批評。

飯店的各項工作應非常仔細，防止意外，本案例中旋轉門上如無微小的突起物，也不會勾破客人的襪子。

飯店有些設施應有明顯的提醒標誌以防意外，例如玻璃門、牆面、台階前等應有色彩鮮明、醒目的提示標誌。

案例43 還要讓我等多久

小王是市中心一家四星級飯店的大廳經理，今日她上中班，正準備下班時桌上的電話鈴響了。這是客房318房間陳先生打來的電話。陳先生語氣很急，劈頭一句話問得小王不知所措：「你們還要讓我等多久？我現在就退房，你通知櫃台準備好。」還來不及跟客人打招呼，陳先生已經把電話掛斷了。小王一邊用手機給客人打電話，一邊迅速朝客人房間走去。她要弄明白客人到底發生了什麼事兒？電話一直占線打不進去。

快到318房之前，小王碰到了快步也去318房的工程部陸師傅。他一邊走一邊抱怨，今晚他們兩個人忙也忙不過來。小王一問才明白，原來大概幾分鐘前，櫃台打電話給值班工程師，通知他們趕快去318房。該房間電路跳電了，客人正

在房間裡等維修。兩個維修人員手頭都還有活沒幹完，卻不得不放下手頭工作，急匆匆趕來。小王一下子就明白了。她想，一定是客人通知了櫃台，而工程部接到櫃台電話後未能及時趕到，客人在房間裡等久了，才會發這麼大脾氣的。小王想了想，敲開了318房間的門。

評析

本案例中客人之所以生氣投訴，關鍵在於客人通知櫃台房間電路跳電後，工程部與櫃台都沒有立刻做出應有的反應或行動所致。

工程部在接到櫃台傳遞過來的訊息後沒有意識到，如果不能馬上去318房間修理解決，應先告訴櫃台，同時告知櫃台何時能去。那麼在這段時間裡是否可請櫃台設法解決或告知客人再等等，先安撫一下客人。

對櫃台而言，通知工程部後應及時追蹤、落實維修人員是否已經派去，客人的問題是否已經解決好了等等。因為沒有這樣做才造成了客人的投訴。大廳經理解決問題的做法是：經客人同意，可給客人調換一間高一級等級的客房而房價不變，並給該客房內送上水果、點心，給客人以VIP待遇。若客人不願意換房，可徵求客人意見，在維修理期間是否願意到大廳吧去坐坐，喝些飲料。待房間電路修好後再回房，並給客人房內送上水果、點心以示歉意，爭取得到客人的諒解。

思考與啟發

工作中，當你發現需要配合的部門或員工不能馬上幫你解決問題時，應及時主動溝通，設法加快工作速度，提高工作效率，滿足客人的需要。

在其他部門無法立即滿足客人合理要求時，客務部應儘早通知客人，做好解釋工作，並與相關部門合作採取有效措施，把對客人的不良影響降到最低限度。

案例44 一遍叫醒夠嗎

411房間的白先生晚上打電話給總機，要求次日晨7：00提供叫醒服務。或許是晚上過於興奮，白先生直到凌晨才昏昏入睡。7：00整，房間內的叫醒電話

準時響了，白先生迷迷糊糊地提起電話說了聲「知道了」，於是又倒頭睡著了。11：00多白先生醒來，發現已誤了航班，這意味著他後面所有的計劃都不能按時完成了。想到這裡，白先生火冒三丈，他找到大廳經理，要求飯店給予賠償。

評析

此案例的關鍵，在於客人答應了話務員的叫醒後又睡著而引起的。遺憾的是，那位做叫醒服務的總機話務員當時沒能感覺到客人應答得不太可靠，也就是說，沒有意識到這次可能未達目的，還不成功。如能過5分鐘後再叫一遍，以確定客人確實已被叫醒並起床，這個投訴就不會發生了。所以說，我們在提供任何一項服務時，不能只是機械地完成就算了事，更應注重服務的質量、效果和目的。

從這個案例可以看出，這位話務員缺乏感覺和經驗，做了但沒造成作用，因而在處理白先生這一投訴時，除應委婉指出總機已準時對客人做了叫醒服務外，對於叫醒效果的不理想仍需向客人表示歉意。可徵詢客人意見是否能為他聯繫下一班機票，帶客人到咖啡廳稍坐，並馬上派人為客人購買機票，對客人提出的合理要求也應考慮儘量滿足。相信只要飯店誠懇地為客人解決問題，為客人考慮，客人還是能諒解的，畢竟客人也有失誤。

思考與啟發

飯店叫醒時，如果客人沒有應答或應答不明確，總機應再次叫醒，以防止耽誤了客人的行程。

如果經兩次電腦叫醒，客人還是沒有反應，應設法採用人工叫醒的方法解決。

案例45 晚11：00的電話

住在426房間的周小姐，因有些事情還沒有辦好，需要繼續在飯店住兩天。這天下午，周小姐拿著房卡來櫃台辦理續住手續。櫃台的小李熱情地接待了周小姐。她看了看電腦，該房間後面幾天沒有預訂，於是就很快幫周小姐辦理了續住

房卡。第二天上午，大廳經理一早就接到426房間周小姐的投訴電話：「昨晚我回來本已有些遲了，剛睡著不久就被櫃台的電話吵醒，要我去櫃台補交押金。請你們解釋清楚為什麼辦理續住時不讓我一塊兒交足押金，而要弄到夜裡11：00又把人吵醒，讓我去補交。難道我會逃帳？就不能明早再辦補交？非要影響我的正常休息嗎？要知道我後來就睡不著了。飯店就是這樣為客人著想、提供優質服務的嗎？」

評析

此案例是飯店員工處理工作失誤過程中，因方法不當而造成的錯上加錯。

晚11：00給客人打電話的做法顯然不妥。這麼晚了，且是在櫃台員工工作失誤的狀況下，要求客人下樓來補交押金就更不妥；即使有事通知客人，晚上10：00後也不宜打電話到客房了。因而櫃台員工應向周小姐誠摯地道歉，並給周小姐房間送上水果、點心或花籃，也可在對房價上打些折扣，以示尊重和歉意，希望客人能給飯店一個補過的機會。

思考與啟發

飯店服務工作中本應杜絕失誤，但偶發的失誤又往往是在所難免的。為了儘量減少失誤造成的損失，飯店必然要採取一定的補救措施。

此時需要特別關注的首要問題，是措施本身可能會給客人帶來何種不良影響。應該說任何忽略客人感受和反映的工作方法，都潛伏著導致損壞和失敗的危機。

案例46 這個菸灰缸值30元嗎

一天晚上8：00多，某四星級飯店大廳內，三五個客人零散地坐在客人休息區的沙發上，背景音樂悠悠飄蕩，一切顯得是那麼寧靜。突然，砰地一聲，沙發前茶几上的一個菸灰缸不知怎的摔在了地上。一個男人站了起來想做些什麼。這一切，在前台工作的小王都看在眼裡。她立即打電話給PA（保潔員），讓她們來處理地面，並把打破菸灰缸的林先生引到了前台。小王按照飯店規定禮貌地向

林先生索賠30元。林先生聽了很生氣。他聲稱自己是飯店某協議單位的客人，經常帶客戶到該飯店來入住。剛才他在等住宿飯店客人時不小心弄掉了菸灰缸，他認為自己是無意的，況且又是這麼小一個菸灰缸，打破就打破了唄，怎麼能收30元呢？這與他給飯店帶來的生意相比真是太微不足道了。僵持中小王只好把當班的大廳經理找來了。

評析

該案例關鍵，在於小王處理客人失誤，要客人賠償損失的方式方法過於簡單和死板，也沒有照顧到客人的感受，從客人角度考慮來解決問題。要知道飯店規定是死的，人卻是活的。作為客務部服務人員，在處理問題上既要考慮維護飯店的制度，使飯店不受損失，也應顧及客人的感受，要以理服人、得理讓人，在語言上特別注意，不能簡單地處理問題。因而，解決上述問題，首先應著眼於客人是否受到傷害，是否需要去醫務室檢查、處理。若不需要，則可委婉地向客人指出，菸灰缸是屬飯店的低值耐用物品，由於他的不慎，致使該物品損壞，不能再繼續使用。這絕不是客人所願意看到的結果。鑑於此，本著相互諒解的原則，希望客人能按成本價支付一定費用，以減輕飯店的損失。相信只要考慮了客人的感受，誠懇地請客人理解，客人還是能夠接受的。

思考與啟發

因為客人失誤產生的損失，客人還是願意以合理的價格予以賠償解決的。而在很多情況下客人不予承認，如在退房結帳時，房間有損壞或有消費，但客人不承認是他損壞的或是他消費的。碰到這種種情況，一般應用委婉的方式說明。客人通常都能接受合理的、有根據的賠償。如果客人一定不承認或不願意賠償，則應本著相信客人的原則，經管理人員同意後免去客人的賠償。

價值較高的物品，如果確實是客人損壞而客人又不願意賠償，可以依據或參考中國旅遊飯店行業規範來處理，應儘量不要訴諸法律。

案例47 我要看到行動

　　空中巴士的馬納多先生是某四星級飯店的一位長住客人。他已經在這家飯店住了半年多。因為馬納多先生是法國人，而這家飯店正是法國人管理的一家連鎖飯店。

　　馬納多先生喜歡看法語台節目。一天晚上9：00多時，櫃台接到了從馬納多先生房間打來的電話。他嘰嘰咕咕地說了一大串法文。櫃台從TV、TV單詞中猜出，可能馬納多先生房間的電視機出了什麼問題，於是便通知了管家部的主管，讓她去房間看一下。原來客人要看的幾個法語台頻道都不太清楚，雪花點很多，聲音圖像也都很模糊。因主管已接到過工程部通知，說這兩天衛星信號不好，電視接收可能會不太清楚，要求向有關客人做好解釋工作。所以她便直截了當地告知客人只能這樣，沒辦法了。不料這位長住客人聽後大怒，用手勢比劃著要見飯店的總經理。無奈，主管只好把客人的要求報告給了當班的值班經理，請她出面解決。

　　評析

　　該案例的關鍵在於，客房主管在了解了客人問題後，當著客人的面未做任何努力，便立刻告訴客人沒辦法解決了。難怪客人會生氣。何況這還是位長住客呢。儘管可能事實就是如此，但主管卻忽略了兩個重要方面：

　　（1）請你來是讓你來盡力解決問題的，而不是讓你來告訴客人問題無法解決的；

　　（2）對客人而言，長期停留在一個非母語國家有多少不便，收看母語台節目自然就顯得特別重要。飯店員工既然已知道法語台無法收看，那麼有否設身處地地為客人著想，這兩天馬納多先生該怎麼過呢？

　　思考與啟發

　　飯店在某些常規服務項目因故暫時不能使用或效果欠佳時，應另外設計、安排一些能使客人感興趣的節目或娛樂活動來充實客人的休閒時間。相信飯店只要這樣考慮了，即使問題解決不了，客人也是能夠體諒的。同時這個案例也啟示我們：在客人面前，即使已知問題不能解決，或只有微弱的希望，也應在客人面前

嘗試盡最大努力，使客人從心理上得到滿足。更何況萬一事情出現轉機，不就幫客人解決問題了嗎。

　　客務部員工在日常工作中，應與客務部、餐飲部配合，做好對長住客人的服務工作。

第四篇 賓客離開飯店時

賓客離開飯店時，客務部對客服務中容易出現的問題是查房、結帳速度太慢，究其原因主要有：無零錢可找；外幣兌換處未開始營業或已經結束營業；客人結帳正趕上客房和客務員工用餐時間；客房服務員已去查房因而櫃台打過去的電話無人接聽；客房服務員查房太慢；收銀員結帳太慢；客人不承認某些消費項目；客人對某些消費金額存有異議；客人不承認自己應該承擔的物品丟失賠償責任，以及對客人所持信用卡是否有效或貨幣的真偽有疑問等。

房態訊息出錯的情況主要有：客人已結帳，櫃台未及時更改房態；客人辦妥延期退房手續後，櫃台未輸入電腦；其他原因。

行李或迎賓服務中容易出現的問題主要有：行李破損、丟失、換錯；送客服務不能讓客人滿意。其他原因還有：客人鑰匙丟失，飯店讓客人賠償引起客人不滿；寄存的貴重物品或現金出現破損或丟失等。

案例48 國慶節日房價的爭端

與飯店有訂房協議的某公司王先生於9月25日入住某飯店，房價按協議價388元／夜標準支付。因生意上的談判不是很順利，王先生在飯店多住了幾天。10月8日，王先生到前台結帳。當收銀員將影印後的帳單遞給王先生後，王先生臉上的笑容立即消失了。他指著10月1—3日的房價帳單問收銀員：「為什麼這3天的房價是588元？」收銀員解釋說這3天是法定假日，飯店有特殊的房價政策，與平時是兩樣的。王先生本來對飯店的服務是相當滿意的，飯店上上下下的員工他大部分都認識，自從今年1月與飯店簽訂協議後，他每個月至少有10天在飯店消費。他對收銀員說：「我在你們飯店住了這麼長時間，也算是老客戶了。

你們還要在節假日按普通散客的門市價讓我支付房費，真是豈有此理。如果你們一定要按此價執行，大不了以後我不再住你們飯店就是了。」收銀員見狀不知該如何解釋，只好把大廳副理請了過來。大廳副理該如何處理此事呢？

評析

1.可讓王先生查看飯店與之所在公司簽訂的協議，訂房協議上一般都會註明節假日的房價是例外的，這是慣例。與王先生公司簽訂的訂房協議顯然也註明了協議價節假日除外的條款。因此向客人收取節假日較高房價是合理的，客人無可辯駁。

此方法是嚴格按協議來執行的，白紙黑字，字真句灼，根據協議，即使客人再不舒服，對這3天的房價也只能照章執行，別無他法。客人付帳後，心裡極不情願，必然會產生受矇蔽、受欺騙之感。就此，飯店雖然未遭損失，但很可能導致王先生自認倒楣，悻悻離去，估計就再也不會有下次了。

2.先向客務接待處了解，在王先生入住時是否就節假日房價上漲事宜事先通知過王先生，如果未曾通知，則國慶假日3天房價仍按協議價結算。

此方法雖然表面上看是讓利於客人，客人當時會比較滿意，不再憤怒和投訴，但從飯店協議的嚴肅性來看，會給客人造成一種印象，即飯店協議彈性很大，形同虛設，甚至客人會認為飯店在故意宰他，或者即使是協議房價也仍有灌水的印象，在客人心理上產生不良影響，所以全面讓步只是滿足客人一時之需，並非是上上之策。

3.如果客務接待員在客人入住時已通知過王先生，王先生完全知情，則大廳副理可以向客人解釋：鑑於飯店與王先生所在公司所簽合約上已有明確闡述，且接待員也已向王先生做過口頭通知，既然王先生當時也並未提出異議，故請王先生按節假日房價結帳。

既然王先生是在知情情況下仍不想按節日價支付房費，現在即使被迫接受節日價，其內心也總會有點不舒服，會認為自己住了這麼長時間，飯店還像一般散客那樣對待他，顯然自己沒有受到重視，而客人最忌諱的往往就是不受重視。同

樣他也會因此而不重視飯店，以後也許會選擇其他飯店。故此法雖然可行，但不是最好。

4.飯店和王先生都做出一定的讓步。比如，按時常散客價488元／夜結算，既給了客人面子，也減少了飯店的損失。

此方法也不失為解決問題的好方法之一。一則雙方都為自己保全了面子；二則王先生也確實得到了優惠，心裡會比較滿足；三則飯店雖然有一定的損失，但畢竟挽留住了一個常住客人，從長遠講是利大於弊。

5.向客人解釋，此次房價很難更改，但可在下次入住時給他高一等級的房間，以補償客人的心理期望值。

若客人能夠接受，此法也不失為是一種比較好的方法，一方面吸引客人下次仍入住該飯店，對飯店而言穩定了一個客戶；另一方面客人會覺得自己受到了重視，被安排入住高一等級的房間而提高了身分，在其業務往來的客戶中會留下較好的印象。況且平時飯店客房出租率不滿時，讓一個常住客人入住好一點的房間也是合理的，對飯店而言成本差別不大。

思考與啟發

在特殊時期或情況下，飯店各類價格變動應事先以書面方式正式通知客人並徵得客人同意。建議同時在大廳、客房內或其他醒目位置設置告示牌等提醒標記。

銷售部在簽訂協議時，必須考慮到特殊時期飯店的房價政策，應明確闡述旅遊旺季及法定節假日期間的房價標準及支付方式，以便於飯店掌握主動性及實際的操作。

飯店要抓住特殊經營時機，但更要注重長遠經營，對常客、長住客必須根據客人的住宿次數、住宿飯店時間長短，在價格執行上因地制宜地靈活調整。不要為了短短幾天的假日影響了長期生意。銷售部在簽訂協議時，必須考慮到特殊時期飯店的房價政策。

案例49 替朋友墊付押金

某天，王先生和他的兩個朋友談笑風生地步入一家四星級飯店。他們分別開了3間房。在櫃台辦理入住手續時，收銀員請他們支付押金。王先生說：「我來、我來！」兩個朋友也沒推讓，故當時3間房的押金全部是由王先生一人支付的。但是到第二天上午，王先生來到前台收銀處退房結帳時，卻對櫃台出具的帳單大為不滿：「為什麼我朋友的帳都算在了我的帳上呢？我們可是各付各的。」收銀員告訴他，他的兩個朋友因有事已先走一步了，也未主動到櫃台結帳，因為王先生付的是三個房間的押金，所以按慣例，所有消費款項都轉到了王先生的帳上。王先生告訴收銀小姐，他只是給其朋友墊付押金，結帳時各自的費用由各自承擔，並要求將押金退還給他。此時，收銀小姐該如何處理這件事呢？

評析

1.按照王先生的意思做，先把他的費用結清，並退還剩下的押金。其兩個朋友的費用等他的朋友來時再付。

此法是收銀員不成熟的表現，很有可能他的兩個朋友不再來付費，那這筆費用是應由飯店來承擔還是該由收銀員來承擔呢？不管怎樣，收銀小姐是負有主要責任的。在沒有任何保障的前提下，將押金先退給客人的做法是收銀員沒有責任心的表現。

2.告知王先生，其朋友已離開飯店，飯店沒有辦法，他朋友的費用必須由他來承擔，並讓王先生去向他的朋友討還這筆由他墊付的費用。

這個辦法收銀員雖不承擔風險，飯店也沒有損失，但很可能使矛盾刺激化。客人付錢後氣憤離去會給其他客人留下不好的印象。該客人可能從此不會再來這個飯店。飯店無形中也失去了一個客戶。

3.和王先生商量，請王先生當場與他的朋友取得聯繫，由收銀小姐對他的朋友說清楚由誰付費的問題。若他的朋友電話中答應日後來付費，可請王先生先刷一下信用卡作為抵押，在一定期限內若他的朋友未來結帳，飯店將以信用卡的方

式取得這筆費用。

這個處理辦法比較靈活，彌補了前兩者之缺陷，由收銀小姐與王先生朋友溝通的方法，也給他們雙方留足了面子，不至於他們之間為了錢的問題傷了和氣。要知道中國人是非常講究面子的，而外賓則沒有多大關係。他們一般習慣朋友歸朋友，但互不欠帳，沒有什麼不好意思直說的。內賓在有些場合下寧可多付錢也要顧全面子。

4.若王先生未帶信用卡，暗示王先生在本飯店部門經理級以上有無熟人，若有，可找他們簽字擔保。簽字擔保後即可將押金退還給王先生。

此辦法在客人與飯店有良好信譽關係的情況下，也是可以的，有了高級管理人員的擔保，收銀員也可放心了，而且管理人員與客人之間也比較容易保持溝通、互守信用，同時也增強了客人對飯店的信任與好感。但此辦法千萬不可濫用，過於隨便和頻繁地接觸類似事件，只會給管理人員帶來麻煩，也降低了飯店在處理此類問題上的嚴肅性。

5.請王先生先將全部帳款結清，同時請他與其朋友聯繫，約定他們來付帳的日期。如飯店收到其朋友的帳款，則把王先生為他們墊付的費用退還其本人，退款方式可以是郵匯或下次入住時再退。

這也是一種較為妥善的解決方式，既保證了飯店的帳務安全，又給客人以承諾，但承諾的前提條件是由客人起決定作用的。

思考與啟發

透過此例，我們應再次吸取教訓，並再次強調飯店在收取押金時一定要向客人說明，押金是用來扣除消費款的，在結帳的時候多退少補。若遇到為朋友墊付押金的情況，更要問清楚最後的結帳方式，同時在每一份入住登記單上註明該房的付款人，並請該付款人簽字生效，以保證客人消費款的順利結算。

若因故暫無法收到應收款項需請人擔保時，應備有代他人付費的書面憑證，比如擔保單之類的證明，以利日後追帳。

客務收銀員在維護飯店原則的同時，也要考慮到賓客的切身利益，必要時為

了維護應付款人與實際付款人之間的和睦關係，收銀員應挺身而出，做好協調工作。

案例50 半小時住房

某天深夜，一位客人來到某三星級飯店櫃台要求住宿。櫃台接待員按常規禮貌地問道：

「您好，先生，歡迎光臨。請問您要什麼樣的房間？」

「隨便。」客人回答。

「請問先生是一個人嗎？那我為您準備一個豪華單人房吧，房價是480元／間夜。」

「行，快點。」客人不耐煩地說。

「您住一天嗎？」

「是，就一晚。」客人說著扔出了身分證，讓櫃台接待員幫他登記，隨即快速地交了押金，拿了房卡便去了房間。

誰知，櫃台剛剛完成了通知客房中心該房入住、讓總機開通該房電話、檢查該客人的入住登記單並輸入電腦、放入戶口袋等一系列工作，就聽到客梯「叮咚」一聲，剛才的那位客人又下來了。他來到櫃台要求退房，理由是他不滿意該飯店的客房，不想住了，並且強調他未動用房間的任何用品，所以飯店不應收取其任何費用。對這個不足半小時的租房，客務接待應如何處理呢？

評析

1.先請客房中心查房，如果發現房內一切完好如初，則同意退房，且全額退給客人押金，不收取任何費用，希望他下次光臨。

這樣做完全是相信客人，息事寧人，況且飯店也沒有什麼損失，對素質較高的客人，應該這樣處理；但對素質較低又心存不軌的客人，這樣做無疑是給他提

供了一個方便，今後將後患無窮。因此，這個方法要因人而異。

2.設法了解客人對客房不滿的真實原因，根據原因，設法在本飯店內再安排一個讓客人滿意的房間，給予一定折扣，直至他滿意為止。

這樣做有兩種可能：客人提出的問題在客房內確實存在，這倒也是一個有效的房態反饋訊息，應該感謝客人；若該客人只是故意找碴，那麼飯店將錯就錯會使他無地自容，也許最後他會說出真相。因此，此法是有利於問題解決的。

先設法把客人留下來，客人是最重要的，不可輕易放走身邊的客源。

3.若查房發現客房用品被動過，則根據各飯店不同規定，按鐘點房或半天或全天房價收取房費。

這樣做應該是合理的。因為客人動用了客房內的物品，樓層服務員就要重新打掃，也就是說，在程序上該房已由空房轉為住房又轉為髒房。飯店是保障了客人利益的，客人理該付費。至於住宿飯店時間長短，取決於客人自己，同時飯店有飯店的規章制度，不得隨意破壞。相信客人也是可以接受的。

4.無論客人是否用過房間，均按飯店規定收取房費。因為從客人入住到退房的全過程中，飯店都付出了服務和成本，也許客人確實沒有動過客房內的物品，但卻可能帶入了身上的酒氣或在房間內留下了菸味，飯店需要開信風、噴空氣清新劑清除異味，這些都是客人看不到的成本。況且客人也應為其自身草率決定的行為負責。所以，此法雖然在當時可能會引起爭執，但作為一個飯店組織，既然做出了規定，就應該具有一定嚴肅性。規定還是要嚴格執行的。

5.再次詳細詢問客人入住不足半小時的真實原因，也可請保安部監控、樓層服務員等協助了解該客人在樓層上的舉動，如有無他人進入過房間，房內有無動靜等，根據不同情況採取必要措施。

這樣做有可能會涉及客人的隱私，但為了保障大部分住宿飯店客人的安全及利益，特殊情況可以特殊處理。

6.查客戶歷史檔案，搞清該客人以前是否有類似事情發生，若經常這樣，則謝絕這位客人再次入住飯店，並對此次行為收取全天房費。

思考與啟發

出現本案例中的可疑情況，櫃台接待員應該引起注意，查閱客戶歷史檔案有助於了解真實情況。若有不良記錄存在，為了保障飯店正常運轉和其他大多數客人的利益，則完全有必要果斷採取措施。故此法較好。

飯店內不乏可疑人物及不法分子的存在，作為飯店，首先就應該樹立起自身良好的企業形象，杜絕違法犯罪事件在飯店內發生。飯店，尤其是涉外飯店，是國家和民族形象的一個窗口，是一個健康的公共場所，而不是進行非法交易或行為的場所。

在制度上要嚴格把關，以防某些人乘虛而入。涉及公安等部門規定的，要嚴格自覺遵守，不可睜一隻眼，閉一隻眼。

飯店要保障賓客利益，但是保障的是大多數合法公民的利益，而不是一小撮不法分子的利益。因此，飯店員工要具備識別及對待基本違法行為的知識和能力。

案例51 簽單者無權簽單

某集團公司是某飯店的住房協議單位，而且該公司的幾位部門經理均可以在這家飯店簽字掛帳消費。有一天，該公司的簽字有效人之一——王經理帶著其助理小趙和幾個客戶到這家飯店開了兩個房間，所有手續都是經理助理小趙一手經辦的，包括簽字掛帳。過了兩天公司客戶退房離開飯店時，小趙來櫃台辦理結帳手續，收銀員小朱很抱歉地對他說：「對不起，我們發現消費單上的簽字字樣和合約書上的不符，所以不能給予掛帳。」趙助理很不高興地問：「為什麼不早說，現在我們經理到外地去了，你說怎麼辦？」此時，客務收銀員小朱該如何處理呢？

評析

1.讓趙助理先現付這筆費用，等公司有效簽字人來簽完字後再將現金退還給他。該方法乾脆俐落，但勢必會引起趙助理的不滿。因為他是代表公司來招待客

戶的，到頭來要他個人現付，心理上肯定不平衡。而且小趙擔心回公司後很難與其上司直接談報銷的問題，若遇到不通情達理的經理，説不定還責怪小趙過於老實，不該隨便現付。

2.先將帳務擱在一邊，等王經理回來簽字後再清這筆帳。若是信譽好、負責任的公司還可以，反之，收銀員怕得罪顧客卻犧牲了飯店利益，這筆帳就很可能成為一筆死帳，使飯店處於被動，給財務部增加了應收款負擔。這種不保險的事不可擅舉。

3.建議趙助理和王經理當場聯繫一下，讓王經理將簽字字樣傳真過來，收到傳真核對無誤後給予掛帳。這樣既不為難小趙，又得到了簽字字樣，倒是一個好辦法。

4.聯繫本飯店與該公司簽協議的銷售人員，由銷售員出面擔保解決。在辦法3不可能實現的情況下可以一試，但要知道，這是收銀小姐在操作上的不謹慎造成的麻煩，銷售員如果不合作或怕承擔責任，則問題不但得不到解決，反而會使矛盾擴大。

思考與啟發

收銀員在操作程序上一定要規範和謹慎，熟悉業務，對簽單掛帳結算方式一定要在當時認真核對簽字字樣。

建議銷售員在簽訂掛帳消費協議時，最好能附上有效簽字人的照片，以防由於收銀員疏忽或新員工不熟悉簽字字樣而造成麻煩。

案例52　王先生不肯退房

一位某著名報社的記者王先生，在與某三星級飯店電話訂房時聲稱預計入住5天，於是飯店訂房部為他訂好了5天的房間。但客人到達飯店後，在填寫入住登記表時填寫了只住1天，因與訂房單上的逗留期限不符，接待員請他再次確認入住天數，王先生仍説只住1天。時值國慶期間，該飯店生意很好，到目前為止，已接受了5%的超額訂房，於是接待員把王先生原訂接下去4天的房間安排給

了預計次日下午2：00　到飯店的常客朱先生。次日中午12：00，櫃台打電話給王先生，請他按時退房。但這時，王先生卻說自己預訂的是5天，他也確實要住5天。櫃台接待員告訴他登記單上預計入住天數只有1天。王先生說登記表上是他的筆誤，反正他不退房。飯店如硬要他走，他就要將飯店趕走客人的行為登報曝光，說著甩出了記者證。櫃台叫來了大廳副理王小姐。大廳副理王小姐應如何解決這一難題？

評析

1.建議王先生去別的飯店住宿，並代辦聯繫。此方法基本不可取。因為是國慶節日期間，各飯店通常都會爆滿，很難在附近找到同等的飯店，如果路程太遠客人也不會滿意。而且客人如果原來就想在該飯店住1天後再到別的飯店住4天，只是由於別的飯店都已客滿或對該飯店非常滿意才改口要住5天，這種情況下他就更不願意走了。而且客人已發話不退房，此時又同意退房面子上也過不去。

2.讓王先生繼續住宿飯店而請常客朱先生改住別的飯店。這個方法也不太好。因為如果讓王先生滿意，同時就會得罪常客朱先生，這對飯店而言同樣是不利的。

3.挖掘內部潛力，騰出飯店自用房或打掃出輕微損壞房，讓王先生、朱先生都能入住，儘可能使更多的客人滿意。

此方法可以一試，如果可行是一個有效的解決方法。但一般來講，節假日期間飯店應儘早採取上述措施。

4.飯店在已預訂類客人中找出容易商量的客人，在其抵達時便安排他去別的飯店住宿，並提供交通及其他方便，也可給予一定的補償。這一方法可行，但應精心選擇客人，同時不宜張揚。

5.如果飯店有更高等級的空房，則可給王先生或朱先生進行房間升級。如有空房這一方法可行。

6.對臨時性預訂或確認類訂房客人不留房，讓朱先生到達後先占用他人的預

訂房間，而把他人另行安排，並針對不同情況按行業慣例或規範予以說明或補償。這一方法在多數場合可行。

7.請保安強行請王先生離開飯店。此方法會使事態擴大，而且王先生的身分還是記者，更不利於飯店的形象，通常不可取。當然，記者的職業道德和有關法律也不允許王先生想寫什麼就寫什麼，如果飯店真的被報紙報導了不實的情況，飯店也可以運用法律手段解決問題，但這一方法會把小事擴大，應儘量避免，不能避免時應力爭打贏官司，為飯店討回公道。

思考與啟發

訂房及入住時，對客人房型、價格、預住天數等訊息應慎之又慎，儘量避免差錯，必要時應向客人重複，特別是在客滿時更應仔細。

當客房不夠時，第一考慮應是飯店內部挖掘潛力。

當客房不夠時，原則上應優先保證在飯店客人續住而訂房尚未到達的客人暫不留房。

訂房客人到達無房時，應區別一般類、確認類和保證類訂房等不同情況分別處理。

飯店應事先規定，客滿時哪些自用房、OOO房（壞房）可用於應急，使用的順序如何等。這樣可以在需要使用這些房間時提高效率。

在中國《旅館法》未正式頒布前，飯店管理人同樣應熟悉相關法規、條例、規範，以維護飯店的合法權益。

飯店在客滿時應多了解附近同級飯店的情況，以便客到無房時能及時介紹客人去別的飯店入住。

案例53 磁卡鑰匙打不開門了

正值旅遊旺季，杭州各大飯店均宣告客房爆滿，地處市中心的某飯店也不例外。下午4：00，一位來自北方的住宿飯店客人洪先生匆匆來到櫃台，詢問為何

他所持的磁卡鑰匙不能開門，口氣中流露出幾絲憤怒。接待員小林禮貌地請客人稍候，隨即快速從電腦中查看了該房間的住房情況，果然不出小林所料，洪先生的房間是預住至今日12：00的，顯然，磁卡鑰匙已經過期失效。心中有了底，小林即向洪先生說明了情況並委婉地請他重新付押金辦理續住手續。但是洪先生的回答大大出乎小林意料，洪先生說自己剛才在遊覽時錢包被盜，現身無分文，根本無法支付押金，而且表示還需在杭州多逗留幾日，也就是說洪先生在無法預付房費的情況下還將繼續住下去。接待員小林該如何處理此事？

評析

1.因客人無法預付押金，以旅遊旺季用房緊張為由，拒絕該客續住。飯店有理由接待另外更保險的客人。

這樣做對飯店當然很保險，但對該客人無疑是「當頭一棒」，有可能在當時就發生爭執，也有可能事後對飯店造成不好的口碑。故不能這樣草率處理。

2.詢問洪先生在本地是否有親朋好友，建議他可向本地公司尋求幫助，先渡過難關，事後再答謝。

這樣做取決於客人有否親朋好友在本地，還取決於客人是否願意這樣做。因此，這樣做不一定能解決問題，也不能表現出飯店的服務水準和處事能力。

3.可建議洪先生打電話回單位或家中，請其單位或家人馬上匯錢過來，以解燃眉之急。在可靠情況下，允許客人續住。

這樣做應該可行。既解決了客人的一時之難，在時間上見效也比較快，有利於各方面問題的解決。

4.小林也可以向上級請示彙報，主管人員可根據情況，經分析判斷後再做出決定，相信客人，讓客人先續住後付款。鑑於特殊原因，必要時亦可答應該客人離杭後再將房費匯到飯店。

這種做法一定會讓處於困境的客人感到溫暖，也比較通情達理，但卻非常冒險。當然一旦成功，無疑又為飯店增加了回頭客，同時也為飯店做了一次相當不錯的免費廣告。飯店應首先採取了解客人以前在本飯店的消費情況，記錄賓客永

久地址、電話號碼及身分證號碼，請賓客寫下借據等措施，以增加保險係數。

思考與啟發

客人延期退房，磁卡鑰匙失效，這在飯店是極其常見的，但如果在客人入住時接待員能把磁卡鑰匙的使用功能與期限預先告知客人，則會避免客人因為對此一無所知而造成的不滿。

本案例中洪先生是否真的遭竊，並非是考慮的中心，關鍵是客人有難，飯店該如何去幫助解決。接待員應始終保持清醒、冷靜的頭腦，安慰客人，及時為客人提出可行、有效的建議，幫助客人走出困境，同時確保飯店的利益。

接待員還要從實踐中去總結和積累經驗，具備正確判斷的能力，採取有效的方法和措施，從而使問題得以順利解決。

案例54 查房少了《服務指南》

上午11：00，住501房的劉先生來到櫃台要求退房，結帳處的孫小姐很有禮貌地請他稍等片刻，隨後立即通知客房中心查房。幾分鐘後，客房中心通報查房結果：501房間少了本飯店的《服務指南》。由於飯店花了不少的成本製作《服務指南》，一本就有將近一百元的成本，所以《服務指南》被列入非贈品，如果房間裡少了，就得要求客人賠償。但是，劉先生否認他見過《服務指南》。孫小姐應該如何妥善處理此事？

評析

1.有禮貌地請客人仔細回憶一下，是否將《服務指南》放到了房間的其他部位或是無意中與自己的資料夾在一起，放入了自己的行李中，請客人提供線索。

此方法不會引起客人的不滿，即使是客人錯拿了，當場拿出來解釋兩句也不會覺得尷尬，如果確實是客人拿的，此時也正好有了一個台階。不妨一試。

2.告訴客人飯店的查房制度非常嚴密，每間客房在出售之前不僅有服務員進行檢查，還要透過領班和主管兩級進行檢查，所以不可能存在客房內未放置《服

務指南》的可能性，請客人上樓協助查找一下。客人在查找時，服務員不應站在旁邊觀看。如果客人真的拿錯了，則會趁此機會拿出來說他找到了。此法既給客人留了面子，又為飯店挽回了損失，值得提倡。

3.如果客人確定他不曾見過，也不願上樓協助查找，可以再請客人回憶一下，他有無朋友來訪過，會不會是其朋友覺得漂亮，又不知飯店的規定給帶走了。如果是，該《服務指南》的費用就得由客人支付了，因為客房一旦出售，房內的一切財產就歸客人負責保管。

如此解釋得合情合理，客人也只能接受。當然，要賠償總是不太愉快的。

4.既然客人否認見過《服務指南》，則相信客人，免去賠償。此法客人當然不亦樂乎，但是這樣的事情發生多了，飯店的損失就很大。如果說客人是常客倒可以免去，因為客人拿的可能性不大，有可能是飯店搞錯了。如果真的讓客人賠償，只會招來一肚子的怨氣，說不定就此便失去了這位客人。

思考與啟發

飯店一定要建立嚴格的查房制度，確保客房出售時一切物品一應俱全。這樣前台人員在處理索賠時才能有充分的理由向客人做出解釋，使客人心服口服。

客房中心應對每間客房建立客房檔案，將何時增減過何種物品全部記錄在案，以備查證。

客房服務員在客人退房後的查房必須準確無誤，以免由於飯店的失誤而引起客人的投訴。

前台人員在處理此類事件時，一定要顧及客人的面子，及時給客人台階下，儘量避免在大庭廣眾之下使客人難堪，激怒客人。

飯店應將室內的非贈品及其價格列一清單放入客房，若客人需要，與客房中心聯繫購買，暗示客人不要將這些非贈品帶走。特別要提醒的是，所有非贈品都應列在清單上，以防有些客人拿走清單上未列，而飯店又不許拿走的小物品。

案例55 商務客人帶走了浴袍

R飯店是本城新開業的一家五星級飯店，其硬體設施極盡豪華，確實稱得上皇家品牌。飯店客源定位為高級別商務散客，前來入住的客人都對客房內的家具擺設、客用品等讚不絕口。

某天上午9：00左右，住在1056房的陳先生打電話到櫃台通知退房，並希望櫃台派一名行李員上去為他搬行李。櫃台領班小孫立即通知行李房，並準備好客人的帳單及其他退房手續。

15分鐘後，陳先生帶著他的隨身行李來到了櫃台結帳處。小孫立即通知客房中心查房，同時熟練地打出帳單給客人過目。陳先生接過帳單，非常滿意，正準備付錢時，客務收銀處電話鈴響了。小孫接起電話，原來客房中心在查房時發現印有本飯店品牌的一件浴袍不見了。小孫已做了多年的收銀員，憑經驗判斷這樣的事多半是客人因為喜歡而拿走了。有的客人是存心不想付錢，有的則是認為他本來就可以擁有的，因此切不可盲目下結論並要求客人賠償，更何況這位陳先生還是飯店的常客。可這件浴袍價格不菲，值400元左右，又不能像處理其他小物品那樣……這時，客人有點等急了：「快點，我還要去趕飛機呢！」試問，小孫該怎樣做才能既不傷害客人的自尊心，又不使飯店受到損失呢？

評析

1.直接告訴客人查房結果，問客人是否拿走了？請他退還飯店。這樣做顯然是懷疑客人，他就是第一懷疑對象，而且性質嚴重。客人沒有任何台階下，往往會賭氣拒絕承認。更何況飯店沒有充足證據，沒有理由咬定是客人帶走了浴袍。若事實上客人確實沒有帶走，那後果就更不堪設想，輕則飯店將永遠失去這位顧客，並失去一些有可能成為飯店住客的潛在客源；重則客人會狀告飯店侮辱人格，使飯店的公眾形象因此而受損。因此，這個辦法絕不可用。

2.告訴客人他住過的房間少了一件浴袍，價值400元，要求索賠。不問青紅皂白要求賠償，這種態度根本不利於解決問題，結局往往是有的客人一聲不響付錢、走人，以後再不光顧這家飯店；而有的客人則堅決拒絕賠償，使事態擴大，

最終受損失的還是飯店。因此，此法也不妥。

3.婉轉提醒客人，查房時找不到浴袍，請客人幫助回憶放在哪裡了？同時讓客務部根據客人提供的線索再次查房。在服務員友好的詢問下，大多數客人還是願意配合的。這樣有助於客務部查找，也可以讓那些有意或無意間錯拿了飯店物品的人有台階下，主動歸還物品。因此，這個辦法可以採用。

4.詢問客人是否很喜歡飯店的浴袍，準備買走一件。如果是這樣的話，我們將幫您換一件新的。暗示客人並給予更好的建議，客人一定會心領神會，並接受飯店的建議，高興地買走他喜愛的物品。這是一種較好的辦法。

5.告訴客人浴袍不是一次性使用的低值消耗品，而是飯店需要循環使用的高級耐用品。間接提醒，對聰明的客人而言，一定不會讓自己在大庭廣眾之下出醜，會做恍然大悟狀，迅速拿出物品歸還飯店或表達因飯店物品的質量特別好，從而想購買的慾望。這個辦法也較好，但碰到比較遲鈍的客人或故意抵賴的客人，也就不可行了。

6.考慮到陳先生是飯店的常客，並且可以預見其將給飯店帶來很大的效益，順水推舟，假裝不知，將浴袍贈送給陳先生。

這樣做看似風平浪靜，但也許會「後患無窮」。客人會因此以為浴袍是一次性用品，以後每次住飯店都會帶走，長遠下去，就會增加飯店的成本，且陳先生並不了解飯店對他的特殊關照和心意，故不會由此而給飯店帶來更多的效益。因此，這個辦法不值得提倡。

7.主動徵詢客人意見，客房內有沒有其特別喜歡的物品。因為他是常客，飯店可以特別贈送給他。避開「少了東西」的敏感問題，用另一種友善的方式提示客人，不僅給客人解圍，更給予客人驚喜。這樣不僅不傷客人的自尊，反而更加表現出客人的尊貴，使其離開飯店前再一次感受到飯店良好的服務，並獲得比期待中更好的服務，相信這個客人一定會成為這家飯店的忠誠顧客。對待類似陳先生這樣的顧客，這是一個很好的辦法。

8.也可以請客人協助客房服務員回房再次查找浴袍，當客人同意並一同去房

間時，服務員應停留在客房外面，假如客人拿了浴袍而又有意悄悄放回去，此時剛好是個機會，飯店則對客人的合作表示感謝。

此方法給客人留了台階，相信多數客人會順階而下，飯店則可避免損失。

9.直接把浴袍400元計入帳單，不向客人做任何說明。如果客人真的帶走了浴袍，有較小的可能性客人會接受飯店這一做法，但多數情況下，此法可能行不通。

10.禮貌地請客人稍等，讓服務員再次查房，藉故拖延時間。由於客人的心態隨著時間的推移而改變，當他感覺時間緊迫時，也許就願意承擔損失了。

此方法有時可行，但對客人不夠尊重和禮貌，在中低級別飯店有時可行，但不適用於較高等級的飯店。

11.委婉地提醒客人，是否存在其親友來訪時無意帶走浴袍的可能性。這個方法可再次給客人一個台階，有些客人會因此願意承擔損失，而飯店則增加了避免損失的可能。

思考與啟發

飯店客房內的小物品、客用品常常表現著一個飯店的文化內涵，具有一定的特色及紀念意義，客人喜歡並希望擁有它的心情是合情合理的，這也是顧客需求的一個方面。從飯店方面看，任何商品只要價廉物美，就會有人購買，從而產生利潤。這也是飯店營利的一個途徑，因此可以提供出售客房用品及飾品等服務項目。

飯店應在客房內醒目位置備有客房物品清單，註明哪些是一次性消耗品，客人可以無償帶走；哪些是需要循環使用的，但可供客人購買並註明售價。這樣就不會出現由於誤解而帶走物品，引起不必要的猜測和爭議的問題，同時便於客人主動考慮對價格的承受能力，不至於在大庭廣眾之下被迫咬牙買下他本不必購買的東西，最終對飯店產生不良印象。

在處理類似事件過程中，自始至終都要把客人的自尊放在第一位，千萬不要傷害了客人的自尊，否則會得不償失。也許飯店追回了物品，卻永遠失去了這位

客人。

對一些飯店的長住客、VIP、常客等能為飯店帶來較大經濟效益的客人，必要時可以順水推舟，把客人喜歡的物品作為禮物贈送，從而使客人感受到飯店做得比他期待得更好。

根據客人的要求，給予一些折扣，儘量滿足客人的喜好之情。同時，客人買走飯店的物品，或許展示給其家人看，或許贈送給他的親友，無形中也是為飯店做了廣告。這樣的好事何樂而不為呢？

對價值不高，而又在短時間內（如5分鐘內）查不清的損失，則應以信任客人為原則，予以免賠。

案例56 遙控器不見了

某天，杭州一家三星級飯店大廳櫃台前，932房間的謝先生正在辦理退房手續。收銀員影印帳單時，謝先生在和他兩歲左右的小兒子玩耍。過了一會兒，管家部報來查房結果說：932房內的電視機遙控器不見了。收銀員小王面帶微笑婉轉地問客人：

「您好，謝先生，請問您看到電視機的遙控器了嗎？」

「有啊，昨晚我還用過呢。」謝先生答道。

「請問您用過之後放在哪裡了呢？」

「這我就不記得了，不過，總會在房間裡的。」

「可是現在找不到了……」

「那是你們的事。」

「我們客房中心已經找遍了每個角落，房間裡確實沒有。您看，您是否可以檢查一下您的行李，有沒有在裡面？」

謝先生一聽這話就生氣了，「你的意思是我偷了這個遙控器？我要遙控器幹

嘛？好，你們查！」謝先生說著「嘩」得一下打開了自己的行李箱，裡面的東西掉出了一大半，小男孩也被嚇得大哭起來。小王被這突如其來的動作嚇傻了，他不知道自己哪句話惹惱了客人。

這時，大廳經理小李聞訊趕來，她首先抱起哭著的孩子……試問，大廳經理小李應如何收拾這個僵局呢？

評析

1.讓行李員檢查客人已經打開的行李箱，看遙控器是否在裡面。雖然客人自己已經打開了行李箱，並且賭氣讓服務員檢查，但仍應慎重處理，絕不可盲目檢查。除公安部門外，任何人不得私自搜查或檢查他人人身及物品，這是最基本的法律常識。所以，這個辦法不能用。

2.徵得客人同意後，幫助客人收拾好行李箱，關上它。同時請客人到大廳吧稍坐片刻，待客人稍稍平息後，懇請客人協助再次回憶最後是在哪裡看到過遙控器，他的小孩兒是否玩過？

首先處理現場，以免在大廳內引起圍觀和糾紛。誠懇的態度一定會使客人願意配合，從而有利於問題的最終解決。這不失為一個妥善的辦法。

3.幫客人收拾好行李箱，向客人道歉，相信客人，送客人離開飯店。在對報失的物品性質進行分析後，判斷客人不會拿走，果斷處理，相信客人。對客人的高度信任連同接下來的道歉、送別，會使客人轉怒為快，即使遙控器真的在他的行李裡，客人發現後也一定會送還飯店的。飯店仍可繼續擁有這位客人。因此，看起來飯店暫時有損失，但事實上「猶失實得」，這是一個兩全其美的辦法。所幸的是本案例中小李也正是這樣處理的，而最後管家部在被套裡找到了遙控器。

4.請他留下賠償金，飯店一旦找到，立即將賠償金送還。這個辦法正好與辦法3相反。看起來似乎飯店得到了保障，但實際上，「猶得實失」，飯店得到了買遙控器的賠償金，卻永遠失去了這位客人。即使找到，再退還賠償金給客人，客人也不會因此而原諒飯店，相反卻會認為飯店的服務管理有失水準。因此，這是一個撿了芝麻丟了西瓜，因小失大的辦法。

5.委婉地提醒客人，是否在收拾行李時無意中捲入了遙控器。這一方法仍是不信任客人，因而仍不理想。但假如此事發生在低星級飯店，而客人又確實帶走了遙控器，此方法至少給了客人一個台階，使他在拿了飯店物品後，有機會能夠較體面地拿出來。故此法在特定條件下是可行的。

6.查房不僅要求迅速，更要求仔細，尤其要注意沙發縫、床底下、家具間等較隱蔽的地方。櫃台收銀員接到報失電話後，應要求客務部更仔細地進行複查。若因為飯店的粗心冤枉了客人，則後果不堪設想。

思考與啟發

客務部工作人員對某些缺失的東西，要做必要的分析，以判斷客人有無可能拿走（像本例中的遙控器，是和電視機配套使用的，單獨帶走，對客人來講毫無意義），然後再採取行動。

在詢問客人時，要時刻注意使用真誠的語言，保持善良的微笑，不要用猜忌的目光和話語傷客人。那樣只會造成反作用。

處理發生在大廳的糾紛時，首先是要轉移地點，防止事態在公共場所鬧大，既影響其他客人，也不利飯店正常運作。

平時飯店要加強對客務部員工的基本法律常識教育，以增強員工的法律意識，不致在工作中做出違法行為。

飯店應在建立完善的客戶歷史檔案基礎上，對部分素質或信用較好的客人試行免查房制度，以加快退房速度，提高服務質量。

案例57 拒付會議室場地租借費

今天是星期一，早晨7：30左右，杭州城某三星級飯店的常務副總經理陳××，按照多年來形成的習慣早早來到飯店。在巡視了飯店大廳及餐廳的自助早餐情況後，他非常滿意地回到自己設在三樓的辦公室。三樓除飯店的行政辦公室外，還有一個大型多功能廳和幾個中小型會議室。陳副總從大廳指示牌上了解

到，今天上午有一個農作物研討會將在三樓中型會議室舉行。該飯店會議室是由餐飲部負責管理的。陳副總打電話到餐飲部辦公室，想問一下會議準備工作是否已做好，但餐飲部辦公室沒有人接電話。他想，或許在忙早餐吧，就埋頭整理自己的本週工作計劃了。

　　8：00左右，門外有些嘈雜，陳副總推門出去一看，中型會議室的門口已等了一些客人，有些客人一手拿著自己的茶杯，一手拿著厚厚的文件袋，很不方便。他立刻再打電話給餐飲部，想讓他們馬上來給客人開門，但餐飲部還是沒有人接電話。於是陳副總打開會議預訂夾，查找今天上午這個會議的訊息，由營銷部發送的會議預訂單上清清楚楚地寫著：省植保站春季農作物研討會，3月26日上午8：30～12：00在中型會議室召開。按會議操作程序，餐飲部應提早1小時或半小時開門，對會場布置、茶水紙筆等進行準備及檢查。但現在，已經是8：15了，大部分客人已經到了，走廊上擠滿了人。會議組織者王站長顯然已經很不滿意，因為他知道飯店應該提前半小時開門的。陳副總見狀，立即通知保安部用他們的備用鑰匙為客人開門，同時快步趕到二樓餐飲部。他發現餐飲部經理還未上班，只有一個主管在自助餐廳。他吩咐這個主管立即派兩名服務員上去為會議服務，自己也同時趕往現場。還好，保安部及時拿來了會議室鑰匙開了門，客人分別就座，餐飲部的兩名員工趕緊為客人分水果、上茶水，另有一些客人陸陸續續到達，待一切就緒，會議開始，陳副總看了看手錶，已經是8：40了。他轉而來到餐飲部開早會的小型會議室，心裡想著該在早會上提一提這件事，對接下去的會議服務、用餐服務等務必要特別認真地對待，否則一定會引起投訴。

　　由於陳副總在早會上的特別強調，該會議的午餐服務和下午的會議服務都令客人非常滿意，但傍晚結帳時，麻煩還是來了。植保站的小張已多次在該飯店負責會務工作，因此與櫃台服務員都很熟。他來到櫃台收銀處結帳，半開玩笑地對收銀員說：「我們站長說了，上午半天的會議室場地租借費拒付。」收銀員以為他在開玩笑，說：「你拒付的話，我就要被老闆炒魷魚了。」小張一聽這話，反倒認真起來了，說：「你知道嗎？為了上午會議室開門遲的緣故，我們站長非得說我工作不負責，耽誤了上午會議原訂的議程，本來上午有7位代表要發言，每人半小時，但由於你們未按時開門，我們站長沒有時間發言了。這不，讓我回去

寫報告呢。這種情況下上午半天的會議室場地租借費我們自然會拒付的。」收銀員發現小張並不是開玩笑，有點急了，自己又不知該如何應付，只好將此事彙報給了客務部周經理。周經理知道，這個會議沒有住宿，用餐標準又低，飯店的利潤無非就是這點場地租借費，若免去800元的半天場地租借，對飯店損失就太大了，他眉頭一皺，計上心來……請問，客務部周經理將如何「施計」？

評析

1.為了讓客人百分之百地滿意，同意客人的要求，免去800元場地租借費。這樣做固然滿足了客人的要求，但未必能平息客人的怒氣，同時，飯店因此白白損失了800元，對一家三星級飯店而言，若長此以往用這樣的方式處理問題，無疑是會虧本的。

2.因為飯店工作的失誤給客人帶來了麻煩，飯店應當承擔一定的責任，因此場地租借費可適當打折，但不能全免。從經濟上彌補客人的損失，是飯店在處理投訴時常用的一種辦法。關鍵是如何控制這個額度，既不使飯店損失太大，又能讓客人滿意，這主要要靠飯店員工其他方面服務的跟進與補充，如禮貌的態度、誠懇的道歉和巧妙的語言等等。

3.先不結帳，招待植保站王站長及會務組人員在飯店用晚餐，藉此向他們表示歉意和感謝。用餐完畢再結帳，場地租借費照樣收取。借用餐的機會向會議組織者道歉不僅會消除客人的怨氣，而且免費招待會讓客人不好意思再拒付場地租借費。因此，這個辦法較好。另外，結帳時間的安排也用心良苦。

4.請陳副總出面向王站長說明情況，表明責任在飯店方，而不能怪會務組小張，代表飯店向他們道歉，同時告知場地租借是不能免的，請他們配合飯店的工作。

小張是負責搞會務的，關係著飯店今後與植保站的生意。因此，為他著想、幫他解圍，在本例中是很重要的，也在很大程度上決定著800元場地租借費的收取。由陳副總出面幫小張開脫責任，小張會非常感激，同時在收取場地租借這個問題上也會站在飯店這邊。因此，這個計策較好。

5.告知客人這次會議飯店利潤很薄，不能不收場地租借費，但下次若有大型會議，飯店可減免會議室場地租借費。

這個辦法較好，既維護了飯店的眼前利益，又給了客人一個說法，同時有意識地招徠了下一次會議。故此方法值得借鑑。

思考與啟發

會議的接待應由專人負責，在會議開始前、進行中、結束後都應該實行追蹤服務，隨時發現問題和了解客人的要求，及時予以滿足，保證會議的順利進行。

從營銷角度出發，飯店不僅要努力使每位與會代表滿意，更要使會務負責人滿意，應主動幫助其做好會務工作，盡力幫他解決相關問題，與他搞好關係，以便爭取在下次會議時能得到他的合作與支持。

各級長官處理投訴事宜都不要輕易啟用折扣權限，要盡力為飯店多創效益，而應以其他方式取而代之。

飯店各部門在會議接待過程中要互相配合，及時截長補短。

案例58 地毯燒了一個菸洞

張先生是某針織廠的廠長，因公務常常來省城出差。某三星級飯店距離他辦事的公司較近，因此張先生每次都住在該飯店。有一次，張先生辦完事後去櫃台結帳退房，客務部服務員王小姐熟練地為他辦理離開飯店手續，還熱情地向客人寒暄，問他這次生意談得怎樣。張先生一邊答話一邊拿出一支菸點燃，王小姐趕緊送上菸灰缸。這時，電話響了，是房務中心來電，說張先生所退房間的地毯上燒了一個洞。王小姐當即詢問客人，但客人矢口否認自己在房間裡抽過菸，王小姐看看客人手上的菸……面臨這種情況，王小姐該如何處理呢？

評析

1.既然客人不承認這個事實，那就不向客人索賠，讓其高興地離開。這樣做固然在當時看起來很平靜，反正一個洞也不是什麼大事，免得給客人留下一個不

良印象，若能讓客人高興地離開不是更好嗎？但這樣處理卻忽略了一個問題，如果每個客人都是損壞了飯店的財物而能「高興」地離去，那麼時間一長，飯店不就成了一個破爛旅館了嗎？這將嚴重地影響飯店的形象，這位客人燒了一個洞，那麼後面入住此房的客人對飯店會是一個什麼印象呢？故此方法不可取。

2.告知客人，飯店有飯店的規章制度，客人損壞物品都必須照價賠償。我們飯店的物品應該都是沒問題的，不然，您進房的時候就會發現的。如果您當時發現並提出問題，那是我們的責任，但現在等您退房了才發現這個問題，我們就沒有辦法了，所以必須賠償。

此方法在道理上不能讓客人完全理解和接受，可能會引起客人的不滿和反感，從而影響下次客人入住本飯店的願望，原則上不可取。

3.告知客人，我們飯店的查房制度是非常嚴格的，在您入住前和上一個客人退房時，我們的服務員都經過了檢查，在房間物品沒有任何問題的情況下才讓您入住此房的，不然，我們就會把它當作維修房，不予出租了。我們也知道，這個洞也許您是不經意的或是您的朋友不小心才弄出來的，所以您沒有注意到。我們現在讓您賠償的僅僅是此地毯的部分價格，而我們飯店的損失就不止這塊地毯的價格了。由於這塊地毯的破損，我們要把此房列為維修房，等到新的地毯完全鋪好起碼要幾天時間，那麼這幾天時間此房就賣不出去。為此飯店必然會蒙受更大的損失。希望您能理解飯店的難處，協助我們共同維護飯店的制度。對此我們將衷心感謝，並希望您今後經常光臨我們飯店，我們會給您一個常住客人的優惠價，以彌補您這次的損失。

此方法合情合理，既能讓客人接受這次賠償的事實，同時也能讓他今後多光臨我們飯店，讓客人明白飯店的制度是嚴格的，但這都是為客人著想，為了維護客人的權益。

思考與啟發

必須嚴格執行查房制度，有破損的一定要報維修房，不能將就，以免冤枉了客人，給客人造成不良感覺，要維護好每一位客人的權益。

作為一個客務部服務員，必須學會以理服人，在語言上要加強培訓，不能簡單地處理問題。既要維護飯店的制度，同時又要給客人留面子，不能得理不饒人。這樣會得罪很多客人，以至影響飯店的聲譽。

案例59　付款方式更改了

　　2004年11月28日，秋高氣爽，一對新人邀請四方親友來參加他們的婚禮。婚禮預訂在一家四星級飯店。新娘曾經入住過該飯店，對飯店各方面的印象都較好。新郎新娘在親友們的祝福聲中喜結良緣。當晚9：00，他們送走了親友，新娘在伴娘的陪同下前往收銀處結帳，共計花費約15000元左右，新娘拿出信用卡準備結帳。因11月28日這天恰巧為星期天，收銀員表示星期天信用卡無法授權，一次最高只能獲得2000元。新娘抱怨說預訂婚宴時曾問過可否用信用卡結算，飯店負責婚宴預訂的人曾明確表示可以用信用卡結算。收銀員解釋說宴會預訂員現不在飯店，無法證明或擔保，而星期天不能取得授權，希望新娘能改用現金結帳。但新娘身邊並未帶這麼多現金，除非把親友送給他們的紅包拆了，可是那樣做太不吉利了。如果飯店不能妥善解決好這個問題，不僅她本人將不再入住此飯店，還將勸其親友也不要來入住，並將就此向大廳副理投訴。大廳副理碰到此類情況應如何解決呢？

　　評析

　　1.同意客人改用信用卡結算，刷5次卡，打成不同的日期，並請客人在每次刷的簽購單上都簽名。

　　因為只要該卡不在黑名單之列，就可以刷卡。每刷一次卡的最高限額為3000元，刷5次則可達到15000元的數目。這樣雖不至於使客人陷入尷尬處境，卻須比較巧妙地向客人陳述刷5次的原因，相信客人是能夠理解並配合飯店的做法的。這樣的做法從銀行角度看當然是不贊成的，易形成透支問題，但由於收銀員對信用卡內究竟是否具有足夠的餘額沒有把握，故此法也不失為一個權宜之計。

2.先將信用卡刷了，並請客人留下電話號碼，待明天再授權。這樣做客人會感到滿意，且舉辦婚宴的新婚夫婦通常不太會逃帳、賴帳，信譽較之一般的客人要好。她既然以信用卡結帳，裡面應該是有足夠的錢來支付這筆帳款的。故在對客人的信譽有足夠把握的前提下，此法不妨一試。

3.要求新娘必須用現金結算，因為這天是星期天，飯店無法取得授權。這個方法不可取。新娘既已表明態度，她身邊沒錢，除非讓她拆紅包，而她又不願意，飯店不可強人所難。況且婚宴預訂時，飯店也曾告知可以用信用卡結算的，現在如果硬逼著客人以現金結帳，在這大喜的日子，讓新娘在飯店公共場合收銀台旁邊拆紅包，本是一件出洋相的事兒，且萬一新娘所拆紅包的錢還不夠，難道她這一晚還要做人質不成。因此，這樣做不但影響飯店的聲譽，得不償失，還會導致事態進一步擴大，直至無法挽回。

4.由大廳副理將此情況向上級反映。通常大廳副理的上級，無論是閱歷、經驗還是方法都應更高一籌，考慮問題也應更加周全。但這樣做無疑會增加對客服務的環節，延長處理問題的時間，尤其在本案例中這樣一個特殊的日子，故這樣做還是不能讓客人滿意。

5.大廳副理立即與負責婚宴預訂的人聯繫，請其擔保或請其協助。如果能聯繫到婚宴預訂的人，這也是一個可取的方法。因為當日該婚宴預訂的人曾表示今天結帳是可以用信用卡的，請其協助與客人商量，是否先讓客人簽單離去，如有情況，再由婚宴預訂部的人與客人聯繫。對此相信客人也是樂於接受的。

思考與啟發

婚宴預訂單上應詳細寫明有關事項，如結帳方式等。同時飯店各相關人員都應熟諳最基本的財務常識，客人的結帳方式若為信用卡結算，消費金額之大應該可以預見。且結帳時間恰逢星期天，宴會預訂人員也早就應該對結帳問題有所預料或準備。如勸說客人改用現金付款或事先取得銀行授權等。這樣就不至於出現如本案例中的尷尬場面了。

飯店在平時就應與特約信用卡銀行保持密切、友好的關係，以便在出現緊急情況時能得到銀行的支持和協助。

逢大型宴會等活動，宴會預訂部的有關負責人應在現場進行追蹤服務。這樣既能表現出飯店的優質服務，更有助於臨時更改計劃、應付情況變化等。

案例60 你是來解決問題的嗎

前台某主管去見一位因飯店叫醒服務失誤而延誤了飛機的客人。

主管：「您好，先生，請告訴我發生了什麼事？」

客人：「什麼事你自然知道，我延誤了飛機，你們要賠償我的損失。」

主管：「您不要著急，請坐下慢慢說。」

客人：「你別站著說話不腰疼，換上你試試。」

主管：「如果這件事發生在我身上，我肯定會冷靜的，我希望您也冷靜。」
客人：「我沒您修養好。您也不用教訓我。我們沒什麼好說的，去叫你們經理來。」

主管：「您可以叫經理來，但您應對我有起碼的尊重，我是來解決問題的，可不是來受氣的。」

客人：「你不受氣，難道讓我這花錢的客人受氣？真是豈有此理。」

主管：……

評析

本案例中主管之所以解決不了客人的投訴，關鍵在於：

1.主管在去與投訴的客人見面前沒有事先先了解情況，所以一開始與客人接觸，就要求客人再敘述一遍經過。要知道，飯店因叫醒服務失誤延誤了客人搭機，客人已很惱火了。這種事情往往是不說則已，越說越氣，讓他敘述，無異於火上澆油。

2.主管本來是來解決問題的，卻始終受客人的情緒影響，對客人所講的每句話、語氣表情等未經仔細斟酌就做出不恰當的反應，難怪還未來得及把情況搞清

楚就被客人轟了出來。使投訴變得更為複雜，事態發展得更難以解決。那麼該主管的上司是怎麼處理的呢？首先他向客人表示歉意，耽誤了客人時間，徵詢客人意見是否可為他聯繫下一班機票，以儘量減輕客人的損失，並告訴客人飯店會認真研究他的賠償要求，同時會對有過失的員工給予必要的處罰。爾後請客人到咖啡廳稍坐，馬上解決客人的機票事宜並請示如何給予該客人以經濟賠償。

思考與啟發

這個例子告訴我們，接待投訴客人時所講的每句話、每個語氣表情都應仔細斟酌，對客人的每一個批評和建議都應做出恰當的反應。要注意語言得體、解釋得當、表達準確、防止火上澆油，並且時刻注意眼下是要解決問題，而非刺激化矛盾，應適時向客人提出各種合理化建議，聽取客人的意見。這樣既能使客人感到飯店的誠意，又可逐步地爭取主動、控制談話節奏，儘量引導壞事向好的方向轉化。

飯店應儘量避免在公共場合處理投訴，應請客人到較安靜的場所坐下慢慢談。這樣做，通常會使問題朝著好的方向轉化。

第五篇　賓客離開飯店後

賓客離開飯店後客務部服務過程中容易出現以下問題：

客人的重要相關資料未及時、準確地存檔。主要原因是相關業務表單未及時存檔或存檔有誤；客人的相關訊息未及時記入檔案；客人的投訴訊息未及時、準確地反映到相關部門。客人離開飯店後的服務不到位或相關訊息傳遞不及時，造成客人不滿。主要有賓客離開飯店時的留言未及時傳遞給指定訪客；賓客離開飯店後到達的物品、信件或傳真未及時、準確地按客人的要求處理；賓客遺留在飯店的重要物品及證件未能按客人要求及時傳遞，影響了客人的生活及行程。

案例61 西裝換錯了

某天，一位姓張的客人入住某飯店718房，在他入住的當天晚上，將一套黑色西裝送到飯店客務部洗衣房去洗燙，並要求第二天早上10：00送回到他的房間，洗衣房答應了客人的要求。第二天早上10：00，張先生準時收到了客務部給他乾洗後的西裝，一開始，並沒有仔細檢查，但後來才發現，客務部送來的這套西裝雖然款式和顏色都與其送交洗衣房乾洗的西裝極為相似，但卻不是他前一天送去的自己的那套西裝。因為他的那套西裝的品牌是「杉杉」牌，而現在的這套是「雅戈爾」牌，他趕緊打電話給該飯店洗衣房。洗衣房經過查實驗證，發現那套「雅戈爾」西裝是另外一位姓李的客人的。因為兩套衣服非常相似，洗衣房服務員在釘吊牌時不小心換錯了，所以出現了以上的情況。本來事情可以很快得到解決，找李先生換回來就是了，但非常不巧的是，李先生暫時也沒有發現他的西裝被換錯了，並且於一早就結帳離開了飯店。張先生為此向大廳副理提出投訴。如果你是大廳副理，將如何處理此事呢？

評析

1.首先將事情的原委向客人說明，承認此事是因為飯店員工的工作失誤而造成的，並代表飯店向客人致歉。如客人同意，可將張先生的通信地址、電話號碼留下，等飯店與李先生取得聯繫後，以郵寄的形式將衣服換回，郵資由飯店承擔。

如果客人能夠接受，此方法可以試行。但客人在外一般不會多帶西裝，這樣處理會給客人日常工作和生活帶來諸多不便。另外，一般客人也不會隨意再買一套西裝。所以，向客人說明，如果同意這樣處理，則需要一定的時間，強調這一點非常重要，因為李先生離開飯店後不一定回家，很可能又去其他地方，事先向客人說明，可使飯店處於主動，不至於因時間問題引起二次投訴。

2.若無法與李先生取得聯繫，飯店可考慮給張先生新買一套同樣的「杉杉」牌西裝作為賠償，同時給客人房間送鮮花、水果等。

給張先生買相同的衣服作為賠償，這樣做比較方便，但飯店損失也不小，更何況對李先生也須有個相應的善後措施才能令他滿意。故此方法並不妥當。

3.以現金形式賠償客人的損失。以現金賠償與以同樣的西裝賠償道理一樣，而且現金賠償的數目可能比買一套西裝更大，因為根據飯店規定，損壞衣物要按洗衣費的十倍賠償。故此方法同樣不妥。

4.用其他補償形式（如房價打折等）讓客人滿意。以房價打折來處理此事不妥，因為換錯衣服和房價打折沒有必然的聯繫，所以客人的心理上不一定會滿意。如果此西裝是其心愛之物，就更難行得通，有些客人就是喜歡原物。

5.如果有可能，請張先生將「雅戈爾」牌西裝留在飯店，並設法通知李先生請他把換錯的「杉杉」牌西裝寄回飯店，郵資由飯店支付。如果客人願意，可把「雅戈爾」牌西裝馬上寄給他，也可以徵求客人意見，等他下次入住時直接到飯店領取，並向張、李兩位先生承諾在房價上，下次飯店將給予特別優惠。

此方法如能徵得客人同意，當然是最好的。一則飯店損失最小；二則可以物歸原主；三則客人可以享受到實實在在的優惠。

思考與啟發

　　飯店洗衣房除了要在時間上、洗滌品質上滿足客人的洗衣要求外，更要特別注意不要將衣服換錯。因為由此而帶來的麻煩及損失，都將大大高於飯店洗衣的成本，故在收衣、取衣、存衣等一系列過程中一定要認真細緻。

　　客人在飯店有遺失物品或物品損壞的事情發生，應理解其偏愛原物的心理，並盡力助其找回原物或修理好原物，必要時，要想方設法購買到一模一樣的物品賠償給客人。往往客人計較的不是錢，而是飯店的服務質量和服務態度。要理解客人丟失物品的焦急心態，在處理類似事件時，應注重時效性。

案例62 客人的錢包忘在房間了

　　某天上午，大廳經理小高正在值班，一位女客人急匆匆跑過來說：「小姐，我的錢包落在了1055房間。我是今天早上退的房，現在才想起我昨天將錢包隨手放在了辦公桌上，晚上出去跳舞時抽了一疊錢，記得錢包裡只剩一張100元的鈔票了，錢雖不多，但我的身分證等都在裡面，丟了很麻煩。所以請您務必幫我找到。」「請放心，如果錢包確實在我們飯店的客房，那麼一定會找到，請放心。」小高說完，立即打電話通知客房中心。

　　5分鐘後，客務部樓層主管小梁打電話下來說，這個房間已經打掃過衛生了。他詢問了打掃衛生的兩名服務員，都說沒有看到過有錢包。小梁建議大廳經理陪同客人一造成房間再次調查尋找。客人也希望能再到房間裡看一看。小高便陪同客人去了房間。樓層主管和兩名服務員都在現場，因為剛整理完衛生，因此，工作車也還在門口。5人一起仔細翻遍了角角落落，又查看了工作車的垃圾袋，都沒有找到。小高請客人再仔細回憶一下，會不會放在別的地方或帶走了，但客人仍然肯定地說，她的錢包就是放在了辦公桌上。客人說畢，懷疑地看了看兩位客房服務員，但顯然他們臉上沒有一絲心虛的表情。整個房間裡都沒有錢包，客人自己也看到了，於是只好心灰意冷地回去了。小高請客人留下了聯繫電話，並在工作日記上詳細記錄了這件事。她覺得此事不能就此了之……他會如何

進行下一步工作呢？

評析

1.將此事彙報給客務部經理，讓他再次審問客房服務員。實際工作中常常會出現此類問題。相信客人固然重要，但同樣也要相信我們的服務員，直接把嫌疑目標指向服務員，會影響員工的積極性，並傷害員工的自尊。因此，像本例中這樣的情況，就無須多問了，況且也不一定能解決問題。故此法不可取。

2.請客務部再次仔細查房，如果找到了，立即通知客人；若找不到，則也給客人打個電話，詢問客人是否找到了錢包，同時告訴客人我們又再次查房，但房間裡確實沒有，請她回憶一下其他環節。

這樣做如果錢包找到了，則皆大歡喜，客人也會非常感激飯店；若沒有找到，打電話給客人，也讓客人感受到飯店對她的關心，另一方面，也再次澄清飯店服務員的清白。因此，這是首要辦法。

3.通知飯店保安部及所有營業場所，請他們共同協助查找，希望能在別的場所發現客人的錢包。

此做法可透過事實澄清客房服務員的清白，因為客人認定自己將錢包放在了客房內，而服務員又說沒看見，客人勢必會懷疑服務員。因此，這項工作是必須的。

4.建立「失物招領」檔案，不管在任何時間內找到錢包，都立即通知客人。雖然有可能過了一段時間，客人已經補辦好了證件等，100元客人也不是很在乎，這個錢包對她可能已失去了意義，但作為飯店，為了表現認真的工作態度及飯店良好的聲譽，仍應這樣做。更何況，也許還能給客人一個意外的驚喜。

5.待客人走後，再找一遍，若實在找不到，也就息事寧人了，不需要再與客人聯繫。從客觀上講，飯店已盡職了，客人也不會再怪罪飯店，應該說這樣處理也是可行的。只是發生這樣的事，或多或少總會給客人及飯店留下一絲遺憾而非十全十美。

思考與啟發

涉及住宿飯店客人物品的遺失，樓層服務員及管理者都應引起高度的重視並妥善處理，在進房時最好有兩人在場，在客人找不到物品的情況下，應請其儘量詳細描繪出當時的場景。這樣既有利於飯店查找，也有利於客人自己回憶。要盡一切可能進行查找，不要放棄最後一線希望，因為這類事件的處理妥當與否，將直接影響到飯店的聲譽，因此不要草率行事。

飯店應建立健全「失物招領」制度，以保證客人無意間丟失東西后，能及時、準確地「物歸原主」。

在遇到此類投訴時，可請飯店保安部到現場予以記錄及配合。

案例63 行李裝錯了車

早上8：30，某三星級飯店大廳內，幾批團隊客人陸續離開飯店，飯店大門口同時堆了4堆行李。其中3堆都加了行李網，另一堆新加坡團的行李因馬上就要裝車去無錫而未加網罩，與一菲律賓團加了網罩的行李放在一起，中間間隔0.5公尺距離。行李員小樂和小周根據新加坡團領隊的意思將該團行李裝車，清點數字21件後，請領隊簽字。領隊因正忙於其他結帳事宜，未仔細核對就在行李表上匆匆簽了字。

15分鐘後，菲律賓團也要結帳離開飯店去蘇州，小周和小樂將網罩掀掉後裝車，共29件，與進店行李數目相符，請領隊簽字。哪知領隊說他的團進飯店時行李的確是29件，但現在因為有一位客人將隨身攜帶的一個包也當成行李放在了行李箱堆中，所以行李總數應為30件。小周、小樂很清楚，此團行李是他們兩人親自出的，總數是29件，來到大廳後又是他們兩個自己加的網罩，不見有別人動過，因此，不會錯的。領隊急忙把少了一件行李的客人請來詢問，客人說因包不大所以他自己拿下來並放在了本團隊的行李堆旁邊。他指著那堆行李說：「我就放在這兒的。」小周接著問客人有沒有放到網罩內，客人說沒有。小周和小樂馬上明白，客人這件行李一定被誤裝到新加坡團的車上去了。此事應該如何解決呢？

評析

1.由於不知行李增加，且客人也未事先通知，更未經行李員之手，所以錯裝行李的責任不在飯店方，可請客人自己設法解決。

客人未事先通知而增加行李，隨意放置且沒有明顯標誌，小周和小樂是可以推脫的。但畢竟兩人也還是有責任，因為兩團的行李標籤是不一樣的。如果工作仔細，在上新加坡團行李時，他們和新加坡團領隊都應在當時就發現問題，所以確切地說，責任是多方面的。客人少了行李後，將會對以後的旅程增加很多麻煩並嚴重影響其遊興，如果行李內有護照等證件和其他貴重物品，那後果將更嚴重，所以推脫責任是沒有道理的。故此法不可取。

2.先安慰客人，穩定其情緒，緊接著到櫃台了解新加坡團去向，然後請客人追蹤過去，將行李領回。

讓客人自己去追無疑客人人生地不熟，車號、車型都不知道，難度很大，而且由於追蹤來回需要很長時間，其他客人也不會願意一起等待，浪費時間。這不僅很難做到，也不能表現飯店的服務意識。因此，這樣處理不好。

3.由小周或小樂在了解清楚新加坡團去向後，自己叫計程車追趕。一方面由於他們對道路熟悉，另一方面他們都認識新加坡團的領隊、司機和導遊，追回客人行李的可能性較大。但這樣也會耽誤菲律賓團的行程安排，故此方法也有弊端。

4.迅速了解兩團的去向（蘇州、無錫），住什麼飯店，記錄行李特徵，讓客人跟團先走，並告訴客人，其行李事宜由行李員負責追蹤，找到後將行李從蘇州的新加坡團所在飯店送到無錫菲律賓團的所在飯店。

此方法當然會令客人滿意，無可挑剔，但是其中的費用要有妥善的協商。

5.按常規，境外旅遊團遊蘇州一般也會去無錫，去無錫也會遊蘇州。如果有經驗的話，可讓新加坡團將多餘的一件行李放在無錫的飯店內，而讓菲律賓團遊完蘇州到無錫後，由導遊、領隊或飯店出面領回，甚至可讓新加坡團所在飯店送到菲律賓團將下榻的飯店。

以上方法的前提當然是要接得好，如有可能，此種方法是比較可行的，既解決了客人的問題，又不存在費用的麻煩，唯一的缺點就是那個丟失行李的客人有一天不能使用行李。

思考與啟發

進出店行李一定要仔細核對標籤及件數，若發現進出行李的件數不同，要查清原因，如有疑問要找領隊確認。

團隊行李要嚴格分區擺放，並加上行李網或用繩索罩起來，並有明顯區分標誌。

行李員自己不僅要做好進出團隊行李記錄，也有責任提醒領隊在簽字前核對行李情況，以做到萬無一失。

案例64 你沒有撕掉我的卡單

B飯店坐落在市中心商業鬧區，距離省二輕進出口公司才數百公尺之遙。在飯店開業之初，飯店的營銷人員就非常積極地與二輕公司簽訂了公司協議價。因B飯店的硬體設施及服務都不錯，二輕公司安排大部分的高級別客戶入住了B飯店，沃特先生就是其中的一個。他是二輕公司的一個大客戶，每年在飯店的消費也較可觀，因此，B飯店對他也特別關照，有什麼要求總是盡力予以滿足。

沃特先生有一個習慣，他總是在入住時以信用卡形式支付押金，結帳時以現金結算，這次也不例外。下午1：00，沃特先生來到櫃台結帳，因其要趕下午2：30飛往柏林的飛機，匆匆付了6450元人民幣，便趕緊去了機場，一切都像往常一樣進行得很順利。此時正是客人離開飯店時間，櫃台非常忙碌，一個接一個地都在結帳。2：00左右，收銀台的電話響了，收銀領班凱倫提起電話，原來是沃特先生從機場打來的：「小姐，我記得你們在我結帳時沒有撕掉我的卡單。」（客戶使用信用卡刷押消費簽購單）凱倫正是剛剛為沃特先生辦理結帳手續的收銀員。她非常清楚地記得辦理入住時，她撕掉了沃特先生用信用卡刷押的原始簽購單，因此，便肯定地對沃特先生說：「請放心吧，沃特先生，我已經撕掉了你

的卡單。」但沃特先生顯然更相信自己的直覺：「我沒有任何你撕掉卡單的印象，一定沒有撕掉。」凱倫看到從電梯口又過來兩位準備離開飯店的客人，希望盡快結束通話：「沃特先生，當時我肯定撕掉了，請您相信我們的工作。」可沃特先生仍然固執地堅持己見，並要求把電話轉接給大廳經理。凱倫看到櫃台前已站滿了等待結帳的客人，只好將此事交給大廳經理處理了。大廳經理該如何答覆沃特先生的疑問呢？

評析

1.相信收銀員，再一次告訴沃特先生肯定撕掉了信用卡簽購單，請他放心。沃特先生既然不相信當事人的話，更沒有理由相信大廳經理的話了，此時除非讓事實說話，否則沃特先生是不會放心的。因此，這樣答覆可能客人仍不會滿意。

2.以個人或飯店的名義向沃特先生擔保，肯定撕掉了沃特先生的卡單。以個人名義擔保，沃特先生未必覺得有分量；以飯店名義擔保，大廳經理是否有這個權利尚值得質疑，更何況沃特先生最關心的是他的信用卡的安全性，擔保未必表示擔保者將無條件賠償其可能出現的全部經濟損失。因此，這樣答覆還是不會令客人放心和接受。

3.告訴沃特先生飯店將寫一份書面保證書寄給他，向他保證：

（1）我們飯店有嚴格的財務制度，任何一筆付帳都必須有其相對應的消費；

（2）我們已及時通知本店各營業點，將拒收沃特先生的此份信用卡簽購單；另外，即使此簽購單流出飯店外，也是無效的卡單，因為我們已在每張信用卡簽購單上都及時註明了本單位商店名；

（3）告訴沃特先生：我們已發函給當地的特約銀行，將拒付其此份簽購單上的任何消費（因為簽購單上已有機器印的押卡日期和手寫的特約商店名，信用卡簽購單上有任何改動都是無效的，持卡人可以拒付）。

像這樣從業務角度，用充分的理由向客人解釋，以書面的形式向客人保證會有力地說服客人，讓客人感受到飯店認真負責的工作理念，覺得有保障，可放

心。在客人對信用卡簽單有疑問的情況下，可以這樣果斷的處理。

4.讓收銀員凱倫迅速從廢紙簍裡找到已撕簽購單的碎片，告訴沃特先生飯店會將已撕掉簽購單的碎片寄給他作為證據。

在櫃台的垃圾箱尚未清除，簽購單碎片仍有可能找到的情況下，這是一種較簡單易行又可讓客人放心的辦法，可以借鑑，但關鍵是能否找到碎片。

5.請沃特先生換乘下一班次的航班，親自回飯店來查找簽購單的碎片，以確認簽購單已被撕毀。這種做法較之上述4的辦法，在時間上更為快捷，可讓客人縮短擔憂的時間。但換乘航班所帶來的麻煩及其所承擔的經濟損失有可能在飯店與客人之間又會產生新的問題。因此，在本案例中，若飯店確認簽購單已撕毀，又有碎片為證，就沒必要再如此大動干戈了。

6.告訴客人既然他不相信飯店已撕毀了簽購單，那就只能讓事實來說話了。因為銀行會按期寄給他信用卡消費對帳單，到時候自然會水落石出。

這樣告知客人固然顯得飯店很有把握，但仍然不能讓客人在短期內安心，也不能表現飯店的服務水準。這種處理方式在前台服務中可能是常見的，但作為一家高星級飯店，這樣答覆顯然有所欠缺。

思考與啟發

信用消費簡單方便，很受客人歡迎，對飯店而言，也簡化了很多現金消費中複雜的操作程序。因此，各大飯店都與銀行合作，成為各種信用卡消費的特約單位。這裡需要強調的，是飯店必須要求銀行對前台收銀員進行正確而詳盡的信用卡操作程序、技巧，及規避信用消費風險的防範措施等方面的培訓，以使收銀員熟練掌握這些知識，同時務必嚴格遵守財務資格證明制度。

在信用卡消費中，收銀員對飯店與客人都較敏感的「顧客簽購單」一定要高度重視、認真對待，在實際操作中要特別注意以下幾點：

1.刷卡要用力，以保證簽購單三聯的清晰度，刷卡後要檢查最後一聯是否有字跡；

2.刷完卡後，櫃台收銀員必須立即填上本單位名稱，以防簽購單遺失後出現流落飯店外被盜用的嚴重後果；

3.刷完卡後，最好讓客人簽名，並與信用卡簽名核對筆跡是否一致，以保證飯店能夠安全地收到消費款項。但外賓在金額未填入之前往往拒絕簽名，這方面不同飯店可根據各自的情況對操作程序進行規範和統一；

4.若因故需要再刷一次卡，必須當著客人的面撕掉前一份簽購單，最好在操作時設法讓客人留有深刻印象或有第三者在見證；

5.一般飯店都會扔掉已撕毀的卡單，筆者建議最好能分別單獨保存這些碎片，以防出現類似本案例中的情況。

每一位員工都要切記，在任何時候都不要輕易說「我代表飯店……」、「我以飯店的名義……」之類的話，因為你並不能代表飯店，若因此而給整個飯店帶來聲譽上的損失，你是無法承擔責任的。

案例65 櫃台忘了轉交客人的禮物

胡先生是台灣某公司駐青島辦事處的主任。該公司辦事處設在青島某四星級飯店的5樓。胡先生本人也常常住在該飯店。某天，胡先生急匆匆地來到櫃台 CONCIERGE（委託代辦）櫃台，將一盒包裝漂亮的禮物交給櫃台接待員，請她將禮物轉交給次日將從台灣來青島並入住該飯店的方小姐，並強調一定要在第二天送出。因為次日是他的女朋友——方小姐的生日，而他因為有一筆生意要去美國談判，不能陪她了。這是他特意買來送給方小姐的生日禮物。櫃台接待員樂樂是剛從學校畢業的實習生。她第一次看到這麼漂亮的禮物包裝盒，覺得很新鮮，一邊隨口答應著客人，一邊翻來覆去地觀看。待胡先生走後，樂樂還將禮物一一傳給同事們看，卻忘記了請胡先生辦理委託轉交手續和在交接班日誌上做記錄。等她下班的時候，又忘了交接給下一班，連轉交禮物這件事都全然拋在了腦後。

次日，方小姐如期到達，聽說胡先生去了美國，既沒有在生日這天陪她，也不見留下什麼禮物，生著悶氣去了房間。

晚上，胡先生談完生意，從美國打電話來祝方小姐生日快樂，並問方小姐是否喜歡他的禮物。此時，方小姐正在生他的氣，聽到「禮物」，氣就更大了，叫胡先生不用再編造謊言，她根本就沒有收到過什麼禮物。胡先生表示自己的確準備了禮物並委託櫃台轉交，請方小姐再去櫃台核實。方小姐聞聽此言，立即放下電話來到櫃台，講明情況，並要求櫃台立即歸還禮物。此時櫃台當班的是領班小童。他既未從交接班日誌上查到有關記錄，也未曾見過有什麼禮物，且當事人樂樂人又不在場，怎麼辦？櫃台領班小童該如何解決此事呢？

評析

1.立即設法找到禮物，並把禮物交給客人，同時向客人道歉，並準備生日蛋糕祝客人生日快樂。

此方法一般來講用在這種情況下行得通，但不符合飯店的正規操作程序：沒有留下書面轉交委託及與下一班進行交接的文字記錄，凡事不怕一萬就怕萬一，如果客人是冒領的，那後果就更麻煩。所以，為負責起見，仍應讓客人影印身分證並寫下收條。

2.由於沒有交接班記錄，當事人又都不在場，故即使找到禮物，也不接受客人領取禮物的要求；找不到禮物就更不用說了。

這樣做顯然不妥，可能會把小事擴大化，有把責任推給客人的嫌疑，很容易導致客人的進一步投訴和抗議。眼前的情景，應該很容易就判斷出方小姐所言的真偽，故沒有必要這樣死板地處理。

3.立即設法找到禮物，並向客人道歉。由於飯店工作的失誤，未留下書面轉交委託，請客人出示身分證並記錄號碼，說明領取的物品種類，是何人所給，同時解釋飯店這樣做也是為了客人物品的安全，為客人負責。確認無誤後請客人的朋友領取，同時如能寫下收條就更為保險了。

此方法在情理上應該可行。因實際上責任完全在飯店一方，無緣無故給客人造成了誤會或增加了麻煩，對客人是不公平的，因此，在此基礎上還應做些彌補工作。

4.向客人表示，未曾收到過禮物，也不知此事，並立即聯繫樂樂和胡先生，待核查後再作安排。

這樣做雖然萬無一失，但顯然暴露了飯店交接工作的不足及服務的粗心，且前提必須是要能與樂樂和胡先生聯繫上。方小姐一定不會滿意這樣的處理。

思考與啟發

要完善交接班制度，事無巨細，服務員都應有書面記錄，以便於交接。這是飯店內部溝通最重要的方法之一。

要嚴格執行操作程序，尤其是作為高星級飯店優質服務標誌之一的CONCIERGE（門童）服務，更應做到及時、準確。

前台服務人員對客人寄存、轉交的物品，不可隨意翻看，更不可傳來傳去，以免丟失或損壞，同時這也是不禮貌的。作為飯店員工，應具備這點最起碼的素質。

案例66 已離開飯店客人的包裹

某三星級飯店行李房像往常一樣，在上午10：00收到了郵局送來的一批報紙、信件和包裹。行李員小楊簽收後立刻開始分發。他在分類核對過程中發現有一個516房張先生的包裹，而張先生此時可能已經在準備退房了。因為張先生昨天訂的一張機票正是小楊送去的，機票是今天上午10：30的，此時已是10：15了。小楊當即詢問了收銀處，得知客人果然已在9：00退房離開了飯店。無奈，他只能將此事彙報了上級長官。試問，對於此類事情該如何處理呢？

評析

1.既然客人離開了飯店，飯店可按「查無此人」將包裹退回郵局，由郵局處理。這個方法屬於常規做法，但客人畢竟曾是飯店的客人，且可能今後仍是。作為飯店應處處為客人著想，不是萬不得已都要抱著積極的態度去處理，而不能往郵局一推了之。萬一此包裹是很緊急的文件，那就會耽誤客人的大事。故此方法

不可取。

2.將包裹暫寄存於行李房，待一天後如沒有客人的電話或消息，就將此包裹寄回客人家中，地址可從客人入住登記表或電腦中查出。

這樣做，與方法1相比是積極了一些，也可能會得到客人的感謝，但工作還是沒做到家。因為萬一客人尚未回家，而是又去了另外一地，不是仍會貽誤了客人的大事嗎？如果客人在你寄出後又讓他人來取，則這樣做反而幫了倒忙。故此方法在未得到客人同意前不可亂用。

3.因為客人乘坐的飛機時間已經知道，小楊應立即打電話與機場取得聯繫，儘可能找到客人（這樣應該可以找到客人）。找到後如客人允許，就將包裹拆開，萬一包內是緊急文件或資料等，也可以透過電話告知客人，這樣就不會貽誤客人的大事；如沒什麼要事，則可根據客人的要求寄往某地。但也有可能經過電話聯繫和其他努力仍找不到客人，只能按方法2處理，以求事後對客人也好有個交代。

這樣做定能博得客人的好感，使飯店透過一件小事而贏得客人的信任，有利於飯店樹立良好的公眾形象。此方法處處為客人著想，證明了飯店的服務是一流的，故值得提倡。

思考與啟發

飯店員工應把飯店的聲譽和自己的日常工作聯繫起來。每一個員工都是飯店的主人。客人在飯店內理應為其提供優質的服務；客人離開飯店也應為其提供力所能及的幫助，因為只有這樣才能提高飯店的知名度和美譽度，為飯店今後爭取到回頭客或得到更多的潛在客源創造良好的條件。

對客人遺留物品或離開飯店後收到的信件、包裹等不得丟棄或拖延處理，應及時與客人取得聯繫，按客人要求妥善處理。這是客務部服務中一個能使飯店給客人留下深刻印象的機會，應珍惜這樣的機會並提供成功的服務。

案例67 你讓我怎麼報銷

一天，某四星級國際連鎖飯店收銀台前，馬先生正在匆匆忙忙地辦理退房手續。他不斷地催促著服務員小艾：「快點、快點」。當班的小艾看客人如此著急，就加快了速度。她問過客人在房間沒有消費後，便迅速拉出帳單請馬先生簽字。馬先生掃了一眼帳單，金額無誤就簽了字，然後拿著找回來的錢和帳單匆匆離開了飯店。幾天後，馬先生拿著帳單到其所在單位財務處報銷時，才發現飯店給他的帳單是全英文的，但不是發票。財務處拒絕給馬先生報銷。馬先生火了，我是中國人，怎麼不給我發票，卻給我英文帳單呢？！他氣呼呼地撥通了投訴飯店的電話……

評析

本案例的關鍵，是錯在客人急著催辦退房時，收銀小姐違反了正常的操作程序。

（1）在拉出帳單前沒有問詢客人對帳單有什麼要求（如是否需要分類打出等）；

（2）拉出帳單後沒有提請客人在簽字前仔細核對一遍；

（3）帳單好後忘記了中外客人有別，沒有問詢客人是否還需開具手寫發票，故而釀成了客人離開飯店後才發現無法報銷的事實。

這個案例告訴我們，收銀結帳員工在做每一筆退房結款時，不僅要做到錢款兩清，給客人的報銷或消費憑證齊全，還需在結帳過程中有意識地多徵詢一下客人有什麼要求，或提請客人注意某些方面。

那麼接到馬先生的電話後飯店又該如何處理呢？首先要找到那天電腦中馬先生退房時的明細帳單，再用中文影印出來一份並據此開好發票。然後可就是否能以掛號信方式郵寄、具體寄到哪裡等問題徵詢馬先生的意見，首先要幫助馬先生解決報銷的問題。自然郵寄費應由飯店承擔，並隨即向馬先生道歉。由於飯店收銀員結帳時既未主動提示客人仔細核對帳單以求及時發現問題；也未主動徵詢客人是否需要開具手寫發票（多數客人只要帳單）才給馬先生添了麻煩，使他的帳目無法及時報銷。鄭重道歉並及時把補開的發票和中文明細帳單以掛號信方式寄

給馬先生，希望他能諒解，相信馬先生是能接受的，並有可能主動提出承擔全部或部分郵寄費用。

思考與啟發

在遇到退房高峰或者客人急著催辦退房時，客務收銀員應該注意細節，防止遺漏。

飯店員工應苦練基本功，掌握熟練的技能技巧，養成遇事忙而不亂的風格。

案例68 我需要重複幾遍

葉先生是某市中大公司的外貿商，經常安排其客戶入住湖邊的一家四星級飯店並常在飯店內宴請客人。他與該飯店簽有協議，可憑其有效簽字掛帳消費，爾後每月月底結一次帳。30日這天，他在飯店結完帳，把客戶羅伯特先生送上飛機，回到公司後就開始整理起帳單來。他發現17日那天帳單上顯示有多筆餐費，其中一筆面額800元的餐費他怎麼也沒印象，想不起來是在哪兒用的、與誰用的？於是很自然地拎起手邊的電話直接找到了該飯店的結帳處。他把情況講了一遍，希望收銀員能幫他查一下17日那天800元的餐費到底是怎麼回事。收銀員小陳禮貌地請葉先生稍等，因為了解餐飲消費項目要到餐飲部去查，於是她就把葉先生的電話轉到了餐飲部辦公室。葉先生又將其疑惑和要求對餐飲辦公室的小李重複了一遍。小李聽後又把他的電話轉到了財務部。葉先生生氣了，他強壓怒火，再次把自己的要求說了一遍，沒想到財務部的答覆是客人要了解某筆帳目只能由前台結帳處來查，因為每天的帳實在太多了，只有前台結帳處搞得清楚。無奈的葉先生只得再次撥通了結帳處的電話，恰巧又是小陳接聽的。聽筒中響著葉先生憤怒的聲音：「你給我找你們的經理來接電話……」後來經查證該筆帳款確實發生過，是葉先生本人的簽名，葉先生可能是忘記了。

評析

此案例的失誤，關鍵在於：

（1）對客人的某種疑惑或某項要求，飯店員工不能立即正確判斷出具體該

由誰負責去做、去解決，以致將電話轉來轉去沒有結果；

（2）在把客人電話轉給其他相關部門要求其解決問題或配合工作時，未把客人的要求或情況簡明轉述，致使客人多次重複敘述，卻不知道問題能否得到解決？難怪客人要發火投訴。

經理在解決問題前，應首先認真了解情況耐心聽取客人的陳述，弄清情況後，應立即在電話裡向客人道歉，並告知葉先生，收銀員已去財務部夜審處核查此事，估計一會兒就可知道結果。同時，請葉先生原諒她們的工作沒做好，誠摯地向葉先生道歉，並邀請他方便的時候再到飯店來做客（由經理出面請客），或者可以寄一些飯店的優惠券給葉先生，希望這樣做能得到他的諒解。

思考與啟發

飯店應該提倡「首問責任制」，員工碰到問題，應該設法解決而不能推脫，如果遇到必須由其他部門解決的問題，應直接把電話轉到能解決問題的部門，絕不能讓客人多次碰壁。

飯店應儘可能創造條件讓員工到相關職位去實習一段時間，進行交叉培訓（Cross-training）以加深對相關職位的了解，便於今後的溝通和工作。

國家圖書館出版品預行編目(CIP)資料

飯店客務部疑難案例解析 / 吳軍衛 主編. -- 第二版.
-- 臺北市 ： 崧博出版 ： 崧燁文化發行, 2019.02
　　面 ； 　公分
POD版

ISBN 978-957-735-652-9(平裝)

1.旅館業管理 2.顧客服務

489.2　　　　108001300

書　　名：飯店客務部疑難案例解析

作　　者：吳軍衛 主編

發 行 人：黃振庭

出 版 者：崧博出版事業有限公司

發 行 者：崧燁文化事業有限公司

E-mail：sonbookservice@gmail.com

粉絲頁　　　　　　　　網　　址：

地　　址：台北市中正區重慶南路一段六十一號八樓 815 室

8F.-815, No.61, Sec. 1, Chongqing S. Rd., Zhongzheng
Dist., Taipei City 100, Taiwan (R.O.C.)

電　　話：(02)2370-3310 傳　　真：(02) 2370-3210

總經銷：紅螞蟻圖書有限公司

地　　址：台北市內湖區舊宗路二段 121 巷 19 號

電　　話：02-2795-3656　　傳真：02-2795-4100　網址：

印　　刷：京峯彩色印刷有限公司（京峰數位）

定價：250 元

發行日期：2019 年 02 月第二版

◎ 本書以POD印製發行